四川省线上线下混合式一流课程配套教材
智慧树平台在线开放课程配套教材

设计学方法与实践 ⊙ 视觉传达设计系列

黄静 主编

版式设计

FORMAT
DESIGN

了解版式设计
秩序、组合与版面空间
文字编排设计
图片的编排设计
实用专题设计

全 国 百 佳 图 书 出 版 单 位
化学工业出版社
·北 京·

内容简介

本书从版式设计的基本理论入手，循序渐进地引入形式美的法则和版式构成基本原理、文字编排设计、图形编排设计，针对版面、空间、层级、轴列、秩序、阅读导向等基本概念配合超过500例的典型案例进行细致的解读分析，使读者能够有更直观深入的理解和感悟。在本书最后一章，结合具体案例探讨了海报设计、包装设计、杂志设计、企业画册设计、UI 设计等设计项目的版式设计风格与设计方法。

本书可作为艺术类专业的版式设计课程教材，也可作为版式设计入门和进阶的参考资料。

图书在版编目（CIP）数据

版式设计 / 黄静主编． -- 北京：化学工业出版社，2023.4

（设计学方法与实践．视觉传达设计系列）

ISBN 978-7-122-42879-0

Ⅰ．①版⋯　Ⅱ．①黄⋯　Ⅲ．①版式—设计—高等学校—教材　Ⅳ．①TS881

中国国家版本馆 CIP 数据核字（2023）第 065136 号

责任编辑：孙梅戈　　　　　　　　　文字编辑：刘　璐
责任校对：边　涛　　　　　　　　　装帧设计：对白设计

出版发行：化学工业出版社（北京市东城区青年湖南街 13 号　邮政编码 100011）
印　　装：天津市银博印刷集团有限公司
710mm×1000mm　1/16　印张 11¾　字数 249 千字　2023 年 8 月北京第 1 版第 1 次印刷

购书咨询：010-64518888　　　　　售后服务：010-64518899
网　　址：http://www.cip.com.cn
凡购买本书，如有缺损质量问题，本社销售中心负责调换。

定　　价：69.80 元

前 言

版式设计在现代社会的应用领域相当广泛。它不仅是一种关于图文编排技能的学问，更是视觉艺术在现代信息传播中的实践应用。通过艺术、技术、传播载体的高度融合和统一，丰富和引领时代审美观念，反映时代美学精神。

本书从版式设计的基本理论入手，循序渐进地引入形式美的法则和版式构成基本原理、文字编排设计、图形编排设计，针对版面、空间、层级、轴列、秩序、阅读导向等基本概念，配合超过500例的典型案例进行细致的解读分析，使读者能够有更直观深入的理解和感悟。在本书最后一章，结合具体案例探讨了海报设计、包装设计、杂志设计、企业画册设计、UI设计等设计项目的版式设计风格与设计方法。

信息技术的进一步发展以及与教学的深度融合，大大推动了教学方式信息化的进程，以不容置疑的步伐迈向一个新的阶段。学习空间已经不再局限于传统课堂，学习资源也更加丰富。书中的教学视频，可随时随地反复观看。希望提供给学习者一种广泛存在的学习空间，使碎片化时间能够得以充分利用，提高学习效率。

同时，教师也可以利用本书组织线上线下混合式教学，使传统课堂的单向传授向注重交流与评估的多向互动转变。课堂外学生能够专注于基于项目的主动学习，课堂内可以获得教师一对一或者小组学习的针对性指导，共同研究解决具体问题，满足学生自主化和个性化的学习需求，引导学生进一步拓展、深化学习内容，并进行探究创新，完成研究性学习。

本书是四川省2021—2023年高等教育人才培养质量和教学改革项目："情境互动与学科融合：新文科视域下设计类专业人才培养模式探索与实践"（JG2021-919）的成果之一；也是笔者主讲的四川省线上线下混合式一流课程"版式设计"的配套教材。教学视频也在中国大学慕课网开设SPOC课程，在智慧树平台开设在线开放课程。

最后，感谢本书编者之一刘小宇搜集整理大量案例，并完成本书版式的设计与编排。同时，对为本书提供设计案例的设计师表示衷心的感谢。书中图例的部分文字和细节做了虚化处理，请读者谅解。

黄静

2022年10月

目 录

第 4 章 图片的编排设计

第 5 章 实用专题设计

Contents

Chapter

第1章　了解版式设计

第1章教学视频

1.1 版式设计的概念

版式设计是指设计人员根据设计主题和视觉需求，在预先设定的有限版面内，运用造型要素和形式法则，根据特定主题与内容的需要，将文字、图片（图形）及色彩等视觉传达信息要素，进行有组织、有目的的组合排列的设计行为与过程。我们可以分解成4个方面，结合图1-1~图1-12来理解这个定义。

图1-1　海报设计／以"诗与远方"为主题的音乐节海报，配合主题，版面定位为知性、文艺的调性，文字编排干净、简洁，版面显得灵动而舒缓

图1-2　画册内页设计／设计师：子峻DesiGn／版面内容的核心诉求是较宽的楼间距，在版面风格上配合主题，大面积留白，强调开阔、舒适、大气的视觉体验，使观者沉浸在画册传递的生活愿景之中

其一，版式设计是有目的的设计行为。在进行版式设计之前，我们应该对设计主题、信息接收者有一个清晰的定位，设计内容和受众的审美需求决定了版式设计的风格和形式。

图1-3　海报设计／风格和前两张图截然不同，跳跃的色彩、标题字样式和信息文字的发散编排均传递出一种充满活力的氛围，包围式中心构成版面使文字信息成为视觉中心，信息传达清晰

图1-4　杂志内页设计 / 设计师:
lovelyearn / 美食类图文内容,用
高版面率体现丰富的生活气息。
通过分栏编排使版面并然有序、
阅读清晰,左右版面的图文对比
提升版面的好感度

其二,版式设计的工作区域是在一个预先设定好的有限版面内。信息和受众产生交换的过程必然借助一定的载体:书籍、报纸、杂志、手机、电脑等。不同的视觉传达载体呈现在受众视觉中的物理界面不同,而这个物理界面就是版面,通常有大小、长宽比以及方向的限制。

图1-5　名片设计 / 横版 / 尺寸: 90mm×55mm

图1-6　海报设计 / 竖版 / 尺寸: 520mm×740mm

其三,版式设计的视觉元素包括文字、图形、色彩。通常情况下,二维空间中的设计元素由点、线、面构成,在版面设计中,抽象的点、线、面以文字、图形元素作为信息源传达具体的信息。但我们在进行版式编排的时候,又需要回归形式美的基本法则,通过对点、线、面的控制与调整,色彩情感与象征的灵活运用,来达到视觉风格的统一和视觉美的呈现。

图1-7 地产广告／版面中的图形可以理解为面，作为视觉主体强烈吸引受众视线，层叠的墨迹逐渐减淡，直至完全融入背景，墨的浓淡相宜配合玉器的晶莹剔透，彰显出"君子如玉""笔歌墨舞"的文化意味；文字为线，如涓涓细流述说着产品信息；首字强调和红色印章图形的添加犹如充满活力的点，既点亮了版面的色彩，也将一抹中国红烙印在版面设计的国风之中

图1-8（左上）2018级李瑶、图1-9（右上）2018级杨乐、图1-10（左下）2019级张天、图1-11（右下）肖文燕妮

图1-8~图1-11为版式设计课程纯文字版式设计项目学生作业，版式设计的基本视觉元素有文字、图形、色彩，但并不是说每一张版式设计作品中必须包含这些视觉元素，有时候，仅仅是文字，也可以成就一张优秀的版式设计作品

其四，版式设计的组织。也许，在未来，全息技术或者更高级的成像显示技术得到广泛应用之后，版式设计的内涵和外延都将发生巨大的改变（如图1-12）。但在目前的技术条件下，版式设计仍然是以解决二维平面的视觉信息传达为主要任务，所以，在二维的视觉空间中，所有的视觉元素都可以理解为点、线、面的排列组合，不管信息如何复杂，我们都可以将其简化成点、线、面，版式的编排就是如何经营好点、线、面要素，使其在二维版面中形成空间、层级、疏密、强弱等视觉感受，从而引导读者按照设计者的意图接收信息，并产生视觉的舒适和心情的愉悦。

图1-12　图片来源于电影《阿凡达2》/ 在未来，也许真正的3D全息技术会广泛地应用于我们的生活，信息将以多维度、多层级的方式进行展示，版式设计的方法与原则也许会有巨大的改变

1.2　版式设计的应用领域

在我们的生活中，应用到版式设计的地方随处可见：我们每天接触到的广告、书籍、网页、手机界面，无不有版式设计的影子，可以说在现代社会中，凡是我们能获取视觉信息的载体，都有版式设计的参与。因此，从广义上讲，版式设计的应用领域相当广泛，几乎所有涉及信息传达的设计项目或者传播载体都有版式设计。

具体来说，版式设计应用在海报、包装、报纸、杂志、书籍、产品宣传册、网页页面、移动终端界面等平面设计的各个领域（图1-13~图1-17）。

图1-13　食品包装

和我们的生活、工作息息相关的版式设计应用还有毕业答辩PPT、工作汇报PPT、个人简历、纪念册、宣传栏展示等（图1-18、图1-19）。

图1-14　商业广告

图1-15　《中国日报》海外版封面

图1-16　企业官网首页

图1-17　移动终端界面

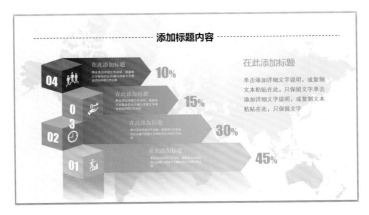

图1-18　PPT设计模板

图1-19　简历设计模板

1.3　版式设计能力的提升

版式设计对一个设计师乃至普通人的影响不仅仅表现在对技术的掌握上，更重要的是，通过版式设计的训练，让我们深刻领会形式美的法则；通过对点、线、面刻意的经营，也不仅仅让我们能设计出美的版面，更重要的是让我们深深体会到对完美的极致追求才是设计的终极目标。它不仅影响到我们对设计美的追求，也塑造着我们的生活品位和对待事物力求完美的精神。

版式设计的过程也是一种审美、创造美的过程。美是一种修养，它内化在我们每一个人的精神内核中，它不是与生俱来的，也不是一蹴而就的，而是在长时间的潜移默化中养成的。我们的美学趣味往往来源于周遭事物对我们长期的浸润。不过正是因为审美趣味来源于后天养成，我们才可以通过一些可实践的训练，提升我们的审美品位。因此，有一些规范可以让我们遵循。本书后面的内容将带领大家先从技术的角度掌握设计版式的方法，并通过案例的分析和实践，探索如何在设计原则的基础上创作新颖的样式。

版式设计能力的提升仅仅学习理论是远远不够的，大量的实操训练是必不可少的，没有哪个设计师能够不经历数十、数百，甚至上千次的实操训练而做到在设计时游刃有余。

看到好的设计样式，不仅要分析美的要素，最好能换元素模仿做一次，所谓好记性不如烂笔头，在我们设计训练当中也是适用的。

要多看、多想、多琢磨，保持对美好事物的敏锐，在生活中随时捕捉美。

版式设计是非常注重细节的一门课程，我们在训练的时候，需要精益求精，《诗经》云"如切如磋，如琢如磨"。放在版式设计中，这种精神十分必要，反之，通过对版式设计的学习和训练，又将这种力求完美的精神特质内化进我们的精神内核中，对我们的生活、工作产生深远的影响。

1.4　版面的基本框架和编排规范

1.4.1　版心

当我们着手进行版式设计时，首先考虑的就是多大的版面，在有限的版面中去组织设计元素。在版面中有一个基本概念：版心。简单地讲，版心就是页面中主要内容所在的区域。版心的设置在书籍、杂志等信息量较大的多页文档设计中比较严谨，如图1-20，中间虚线框的区域是版心，上下左右的空白区域分别是天头、地脚和两边，左边为订口，右边为切口。天头和地脚一般可以放置页眉和页脚。四个角的标记线是裁切线，中间的标记线是套准线。

图1-20 杂志内页的版心，一般天头、地脚、切口和订口的设置比较严格

图1-21 杂志封面的版心设置相对自由，但主要的视觉信息与版面边缘要留有一定的距离

在单页的广告、海报设计中，版心的设定要求不那么严格。如图1-21，内容基本充满页面。但是，在进行版面编排设计时，仍然要考虑版心，设计中主要的文字、图形等信息元素距离版面边缘有一定的距离，约5~10mm，否则，在视觉上，无法引导读者的视线向版面中心移动形成聚集效果，这样会使版面显得比较松散。另外，在印刷中，也会留有3mm出血线，主要作为装订时的裁切公差，出血尺寸的概念与应用，请参见第4章。

1.4.2 文字编排规范

在设计中，有一些约定俗成的规范性事项，影响到设计的质量、完整性和专业性。而由于这些规范又非常细碎，往往被初学者忽略。文字编排有以下几个设计规范。

（1）单字不成行

在文字的编排中，如果一个段落的结尾只有一个字和标点符号在最后一行，通常，我们需要把这个单字收到上一行。因为，对于最末的段落而言，单独成行的单字会比较突兀，影响视觉的均衡，从而影响阅读舒适度，如图1-22。段落之间的单字成行会增加虚空间，影响文字编排的整体性，如图1-23。

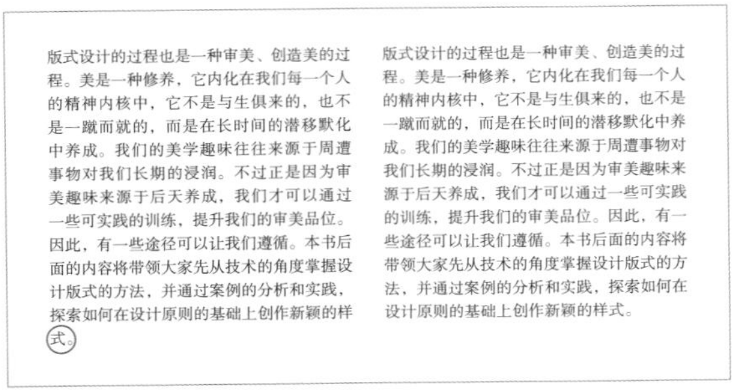

图1-22 左侧一段的段落最末单字成行，右侧一段将单字收到上一行，视觉更整体

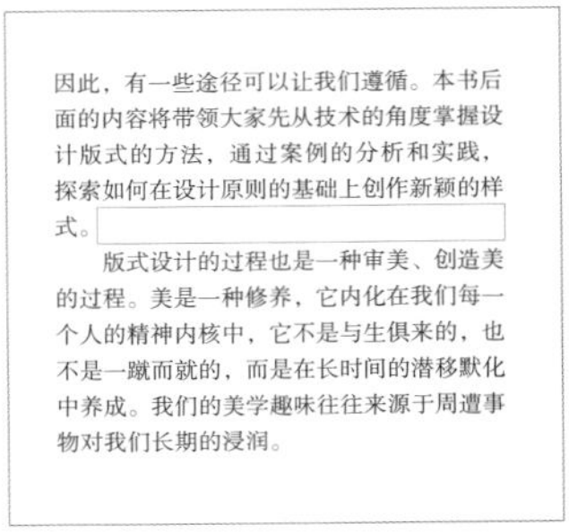

图1-23 段落之间单字成行，增加了虚空间

（2）标点避头尾

在文字编排中，有时候标点符号会刚好处于行首或行末的位置，这个时候就要注意标点符号中的句号、问号、感叹号、逗号、顿号、分号、冒号等点号不能出现在行首，如图 1-24。引号、括号、书名号等标点符号的前半部分不能出现在行末，后半部分不能出现在行首。一般在设计软件中，如 Photoshop、InDesign 等，在字符 / 段落面板中会有"避头尾法则设置"的选项，如图 1-25 所示；在 Word 等文字编排软件中，也有类似的设置。

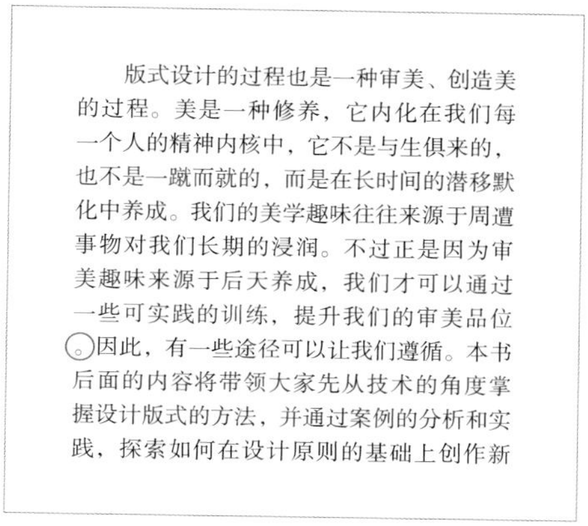

版式设计的过程也是一种审美、创造美的过程。美是一种修养，它内化在我们每一个人的精神内核中，它不是与生俱来的，也不是一蹴而就的，而是在长时间的潜移默化中养成。我们的美学趣味往往来源于周遭事物对我们长期的浸润。不过正是因为审美趣味来源于后天养成，我们才可以通过一些可实践的训练，提升我们的审美品位。因此，有一些途径可以让我们遵循。本书后面的内容将带领大家先从技术的角度掌握设计版式的方法，并通过案例的分析和实践，探索如何在设计原则的基础上创作新

图 1-24　句号出现在行首

（3）标题不落底

当涉及较多文字的版式编排时，会有包含小标题和正文的混排，排版时，不能把标题刚好放置在一栏或一页的最末一行。因为，这样会把标题和正文完全分割开，造成阅读的不连贯性，影响受众的阅读体验。如果遇到这种情况，可以通过修改行距、段落间距等方法进行调整。

图 1-25　Photoshop 段落面板中可设置避头尾法则

（4）保持字符比例

在版式编排过程中，往往会涉及多种字体的搭配使用，一般来说，我们在使用某种字体的时候，不要通过拉升或者压缩的方式改变字体本身的宽高比。因为，一款完整成熟的字体，通常在间架结构和空间关系的设计上是很精细的，改变字体的宽高比会改变字体自身的视觉美感，如图 1-26。

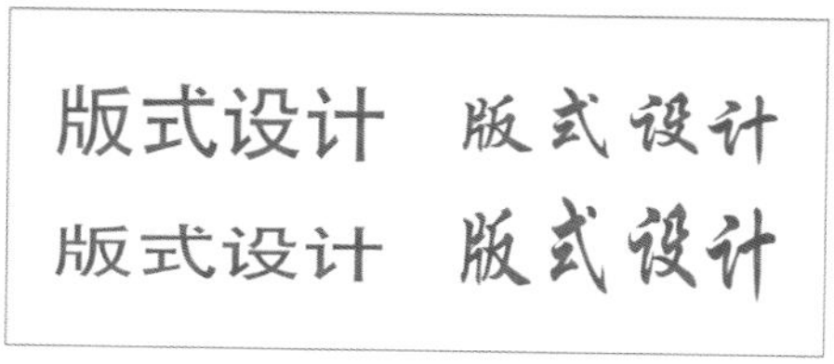

版式设计　版式设计
版式设计　版式设计

图 1-26　图中第一行两种字体显得方正、匀称；而第二行分别被改变了宽高比，字形就有些变形和别扭

1.4.3　图形图像在版式设计中的规范

计算机和信息技术的长足发展也给设计带来了诸多变革。在设计行业中，完稿的设计都是用计算机完成，这就必然涉及计算机图形图像处理的一些基本要求和规范，这些规范直接影响设计稿最终效果的呈现。

（1）设定不同传播载体的图像色彩模式

随着数字设计技术广泛的应用，用计算机进行设计方案制作几乎取代了传统手工绘制设计稿的方法。但是用计算机设计通常会遇到在显示器上设置的颜色与最后印刷品上的颜色不同的问题。这个问题的原因是显示器是色光呈色，而印刷品是色料呈色，两者的颜色混合原理根本不同。为了解决这个问题，设计者使用印刷色谱作为参考进行设色工作是十分必要的。计算机图形图像有多种色彩模式，平面设计中经常涉及的色彩模式有四种，下面分别给大家介绍一下这四种常用色彩模式的应用。

灰度（Grayscale）模式：灰度模式的图像就像黑白照片一样，没有彩色，是由256级不同层次的灰色构成。在单色印刷中常用灰度模式，也可以使用灰度模式设计一些独特的色彩效果。

RGB模式：RGB分别代表光的三原色Red（红）、Green（绿）、Blue（蓝）。人们以各种不同的比例混合红、绿、蓝三种基本的色光，就可以得到可见光谱中绝大部分的颜色。我们生活中的电子显像设备如电视、电脑显示器、手机终端等，大多是用RGB模式呈色，

因此，设计稿的应用载体如果是网络传输，使用RGB模式就没有什么问题。

索引色（Indexed Color）模式：索引色模式的图像最多能使用256种色彩来描绘图像，它可以在维持视觉品质的同时，缩减图像的大小。通常索引色模式的图像被应用在多媒体或网络中。注意，索引色模式的图像不是真正意义上的真彩色，它所包含的色彩信息不能用于印刷。

CMYK模式：CMYK是依据印刷在承印物上的油墨的吸收性产生颜色的，当白光照射到半透明的油墨上时，光谱中一定比例的光被吸收，未被吸收的光反射回来，进入人眼，从而形成颜色感觉。CMYK分别表示Cyan（青）、Magenta（品红）、Yellow（黄）、Black（黑），实际上CMY是颜料的三原色，将这三色混合在一起就可以产生黑色，但混合产生的黑色会含有杂色的斑点，为了能够表现更纯净的颜色，加上黑色色板，以校正青色、品红与黄色的油墨，提升印刷图像的黑度。设定CMYK颜色的时候，设计者应该参考印刷公司提供的印刷色谱来进行颜色设定，以获得更加准确的印刷品色彩呈现效果。

（2）适合不同传播载体的图像分辨率

分辨率（Resolution）是一个综合性的术语，指图像在一个单位长度内所含的像素个数。分辨率可以表示图像文件包括的细节和信息量，也可以指输入、输出或者显示设备能够产生的清晰度等

级。在处理位图时，分辨率同时影响最终输出的质量和文件的大小。

　　像素是图像中最小的图像元素，每英寸[1]像素数是分辨率的度量单位，例如一幅图像的分辨率是72PPI（Pixel Per Inch），那么在1平方英寸的图片中就有5184个像素（72×72）。每英寸像素数越多图像的分辨率越大，图像的输出精度越高，同时图像文件所占用的硬盘空间也越大。

　　DPI——Dot Per Inch（每英寸点数），通常用来描述打印机的输出质量。

　　PPI——Pixel Per Inch（每英寸像素数），是分辨率的度量单位。电子设备的显示精度就是以PPI为单位，所以，我们在进行网络传播载体的设计方案绘制时，使用常规的分辨率数值设定就可以了。

　　LPI——Line Per Inch（每英寸线数），通常用来描述印刷质量。

　　通常PPI和DPI可以使用相同的数值，而不会影响图形的输出质量；而用于印刷的图片如何设定PPI数值，则需要通过一个公式来进行大致换算：（1.5~2）×LPI数＝PPI数。

（3）保持图形比例原则

　　在设计实践中，常常需要根据版面的空间来安排文字、图片等视觉元素，当图片物理尺寸的长宽比和版面中预留空间不一致的时候，不能简单通过拉伸

图1-27　第一行是原图，由于图片的方向比例不同，在编排的时候会留下更多的虚空间，因此我们会将图片调整为第二行的形式，通过裁切顶部和底部的图片，让两张图片保持统一的高度，使图片的编排更整体。第三行的示例二是直接通过压缩图片比例来达到统一高度的目的，但通过对比，我们可以看到，压缩后的图中，海鸥已经产生了变形，影响了视觉的美感

或压缩图片的长宽来解决问题，这样会改变图片中元素的比例，使其与观者的视觉经验产生差异，从而带来不愉快的视觉体验，影响画面美感。正确的方法是使用设计软件中的图片裁切工具，使图片的长宽比适合版面空间（图1-27）。

---

[1] 1英寸=2.54厘米

Chapter

第2章 秩序、组合与版面空间

第2章教学视频

为便于大家理解和掌握，本章先利用最基本的视觉元素来探索版面设计的构成法则，接下来的大部分图例来源于笔者教学中的学生习作。学生利用限定的文字内容，在不添加图片，但可以添加矢量的几何图形（例如线条、圆形、矩形、三角形等）的限制条件下进行版面编排（图2-1、图2-2）。本章中学生作品的版面尺寸实际是版心的尺寸，设计元素可以靠近边线。版面设定为正方形，它有助于我们重点关注版面内部元素的相互关系，而不是版面形状比例带来的视觉差异。

图2-1（左）学生作品／2008级周晓娜／水平编排的版面，版面效果有序、整体，并具有较强的视觉冲击力

图2-2（右）学生作品／2016级马文丽／倾斜编排的版面效果，参与版面编排的视觉要素有文字、色彩、线条

小贴士
本章中学生作品的创作是进行网格构成训练之后的一次实际运用。网格构成训练的方法和过程大家可以参阅美国瑞林艺术与设计学院的金伯利·伊拉姆和她的学生们在课堂上所做的反复试验，探索在一个得到控制的、组织起来的空间中，如何将简化为矩形、圆形后的设计要素通过构成关系的合理安排来创造一个统一而使人视觉舒适的版面（图2-3）。

一个版面中涉及的基本设计元素有文字、图片和色彩。标题文字的视觉效果实际上是介于图形和文字之间，可能是更偏向图形的一种视觉元素。经过精心设计的标题文字，往往能起到提升版面效果，甚至画龙点睛的作用。因此，我们可以把标题文字单独提出来作为版式设计中的一个独立元素看待，本书第3章专门有一节详细讲解标题文字的设计方法。

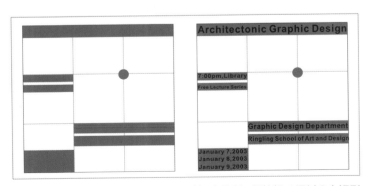

图2-3　网格系统与版式设计图例／[美]金伯利·伊拉姆／通过6个矩形和一个圆形，在3乘3的网格中进行构成组合，练习版式设计

　　文字、图形、色彩和标题这四种元素的种类看似不多，但其类型、样式、效果却又是千差万别，如果说组合样式的话，我们很难通过排列组合的数学计算来得到一个放之四海而皆准的设计组合系列。因此，回到设计的本源，我们通过对影响版面视觉效果的因素进行探讨，寻找可遵循的设计原则来获得版式设计方法的理论指导。

2.1　秩序的控制

　　版式设计的主要功能之一就是传达信息，为确保信息传达的有效性，版面秩序感的控制就是设计师必备的基本能力。因此，在本节中，我们将探讨版面的基本组织原则、技巧和方法，使我们首先能够得到一个可控制的、有秩序的版面。

　　我们在设计一个好的版面样式时，除了设计元素的选择之外，还有许多组织原则需要考虑，这些组织原则的基础是视觉原理。在视觉原理中，空间、轴线、视觉中心、视觉张力等是直接影响观者对画面的感觉和产生情绪变化的重要因素，同时它们也直接影响版面设计所呈现的视觉效果。本节的内容，就是探索这些视觉原理，从而增强设计师把握这种引起视觉观感、情感变化的因素，并能够进行有效控制和运用的能力。在接下来的部分图例中，我们可以通过比较来感受细小差别所带来的视觉变化，从而使自己的观感变得越来越敏锐。

2.1.1　轴线

　　我们进行版式编排的时候，设计元素的相互对齐会在版面中形成一些视觉基准线，这就是我们在进行版式设计时常用到的一个增强版面秩序感的方法——强调轴线。强调轴线就是将视觉元素以版面中的垂直线为基准，来放置视觉元素。这些轴线在增强版面视觉秩序感的同时，会对观者产生强烈的视觉牵引（图2-4~图2-6）。

图2-4　学生作品／2016级闫俊丞／几乎所有文字和图形元素都沿版面中2条垂直基线对齐，营造强烈的秩序感，突破左轴线的细小文字和右轴线的标题字，起到了调节版面活跃度的作用

图2-5　学生作品／2016级李在文／轴线在版面内部，观者的视觉被牵引；巨大的标题字形成第一个视觉层级，白色的大段正文在视觉上形成后退的远景，增强了空间层次感

当轴线出现在版面内部的时候，就会增强视觉的聚合感，形成强烈的视觉效果。一般来说，沿轴线排列的视觉元素越多，所形成的轴线就越稳固，视觉效果越强烈，稳定感、秩序感越强。当轴线出现在版面边缘的时候，会对观者的视觉产生向外的牵引，使得版面的内部虚空，从而减弱视觉效果。

图2-6　学生作品／2018级代继青／图底反转的标题字得到强调，形成第一个视觉层级；以标题字左右边线为基准编排正文文字，形成轴线，使版面效果稳定，有空间层次

小贴士

版面设计的效果受综合因素影响，标题字设计、文字层级、图片编排都会参与其中。本章着重讨论秩序、空间等组织原则，文字、图片的编排请参见本书第3、第4章。读者也可以先阅读第3章，然后再看本章节。

版面设计中的轴线是一个非常重要的因素，对版面效果有较大的影响。如果版面中没有明显的轴线来聚合观者视线，版面就会显得松散。图2-7~图2-10是加强轴线设计修改前后的对比效果。

图2-7（左）　学生作品／2016级马文竞／原版面中轴线效果很弱，观者视线没有聚集点，因此版面显得较为松散，视觉冲击力也不强

图2-8（右）　学生作品／2016级马文竞／修改之后的版面效果，将文字梳理组织后沿垂直基线编排，强调轴线，版面变得更有节奏，更有视觉冲击力

图2-9（左）　学生作品／2016级陈媛媛／原版面中，黑色的正文文字形成版面中最强的轴线，但靠近版心边缘，使版面重心向左倾斜，造成版面的不稳定感；且版面中主要视觉元素之间缺乏联系

图2-10（右）学生作品／2016级陈媛媛／修改之后，将轴线向右移动，和标题字对齐，强化轴线的秩序感，版面显得平衡，沿轴线编排的文字使观者阅读更流畅

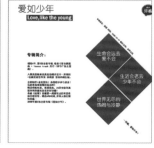

在一个版面中，我们可以根据设计内容的分类和层级设置多条轴线，增加版面的节奏变化；并利用轴线使更多的图文内容变得有序，且有一个清晰的阅读流程（图2-11~图2-13）。

图2-11　学生作品／2008级胡杨／版面中的两条轴线形成视觉上的跳跃，增加了版面活力

图2-12（左）　学生作品／2008级丁玉／将文字信息分类，沿从左至右的两条轴线编排，阅读流畅；左下角的圆形起到支撑的作用以平衡版面

图2-13（右）　学生作品／2016级周慧敏／轴线的错位编排带来节奏感，位置偏左的文字信息和标题字形成较弱的轴线关系，增加了版面中设计元素之间的联系

2.1.2　四边的张力

版面的四边是一个限制区域的边界，设计元素靠近边线时会产生视觉张力而呈现截然不同的视觉效果。当设计元素在版面四边均有分布时，会形成包围式构图，使观者视觉集中在版面内部，有聚集的效果；当设计元素仅靠近版面的部分边界，特别是单侧垂直边界或单侧水平边界时，会使观者视线向版面之外扩张，如果没有平衡元素，则会产生不稳定感（图2-14~图2-18）。

图2-14　学生作品／2018级牟雪／设计元素分布于版面四边，以角点为阅读起点，使版面阅读导向清晰；版面中的装饰斜线加强了引导观者视线向版面中心移动的效果

图2-15（左） 学生作品／2016级李欣颖／主要视觉元素编排在版面中部，通过边角的设计元素扩展版面空间

图2-16（右） 学生作品／2018级罗青青／上下结构为主的版面，两侧的细线和英文文字加强了设计元素和边界的联系，使版面开阔、舒展

图2-17（左） 学生作品／2016级黄洁／正文文字形成的轴线过于靠近右侧边线，将观者视线向版面外侧牵引，不能聚焦在版面内；且版面重心向右侧偏移，产生不稳定感

图2-18（右） 学生作品／2016级黄洁／简单调整之后，轴线向中间移动，将观者视线导向版面中部，版面得以平衡

小贴士
靠近单侧的视觉元素形成的轴线越强，向外牵引观者视线的作用就越强，产生的不稳定感也越强。

值得注意的是：当版面中没有任何元素靠近边线时，就等于无形中压缩了版面的空间，缩小了版面面积。虚空间挤压构成要素，使得整个结构飘浮在空间中，显得局促。因此，在进行版式设计的过程中，要有目的地使视觉元素靠近版面的边线，扩展版面空间，使版心内部的空间变大，形成大气、舒展的视觉效果（图2-19~图2-22）。

图2-19（左） 学生作品／2016级曾泺／整个版面设计的视觉冲击力很强，但左侧文字形成的轴线靠近左侧边线，主标题文字居于版面略中间位置，右侧边线没有平衡元素，使版面重心向左偏移，且压缩了版面空间

图2-20（右） 学生作品／2016级曾泺／经过简单调整，版面内部虚空间变大，视觉元素显得更加饱满，靠近右侧边线的元素平衡了版面，并使视觉向外扩展，版面效果更为大气而具有视觉张力

图2-21（左）学生作品／2016级
王小娟／没有视觉元素靠近边线，
版面空间被压缩，虽然版面轴线清
晰，整体有序，但显得拘束

图2-22（右）学生作品／2016级
王小娟／调整之后，版面得以扩展，
仍然保持了秩序感，但版面效果变
得大气、舒展，更有视觉张力

2.1.3　视觉中心

在视觉艺术的基本构图法中，三分构图法是我们最常见的形式。一个矩形或者正方形，被水平和垂直地等分成三份后，形成一个3乘3结构，分割线形成的四个交点周围就是最吸引观者视线的四个区域。将视觉主体放置在这四个区域，能够使画面具有聚焦、平衡的视觉美感（图2-23）。

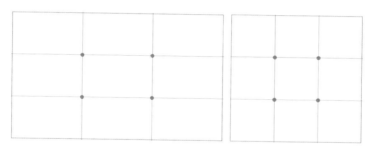

图2-23　三分构图法示意图／井字形的水平、垂直线是分割线，交点周围区域是放置主体视觉元素的区域。三分构图法也被称为井字构图法

在版式设计中，版面的视觉中心通常处于三三结构的四个交点区域。我们可以有意识地将重要的视觉信息放置在交点的周围，可以形成比较有力的视觉吸引（图2-24、图2-25）。

图2-24（左）学生作品／2016级李
彪／主标题文字放置在三分构图左上
交点周围，形成视觉焦点，正文文字
分栏编排形成远景，版面效果安静舒
缓而有层次

图2-25（右）学生作品／2018级马
欣／主要文字信息均分布于三分构图
交点周围，版面节奏跳跃有活力，得
到强化的倾斜轴线使版面整体有序

　　值得注意的是，一般我们不会将设计元素直接放在版面的中心点上。将视觉元素放在版面中心点上往往会形成过于紧张的视觉感受，当我们把视觉元素放置在三分构图交点周围的时候，有助于减弱紧张感，能够形成视觉中心吸引的同时，还能使观者感到心理舒适。这和我们在进行绘画创作时，将最主要的视觉元素放置在中心偏上、偏下、偏左、偏右的位置是一样的道理。

2.2　虚空间与组合

2.2.1　虚空间

　　首先，我们要强调一个视觉概念：虚空间。在平面设计中，没有视觉元素的空白部分被称为虚空间，也称为负形、背景。虚空间在平面设计中是一个非常重要的概念，但往往初学者不太重视也不太能控制虚空间。

　　版式设计中，设计元素之间的间隔会形成很多个虚空间，虚空间以几何形的区域为一个单元影响我们的视觉感受，如图2-26、图2-27中的灰色色块。虚空间不仅是一个面积概念，而且是一个数量概念。也就是说虚空间面积的大小和虚空间数量的多少都是影响版面效果的因素。一般来说，我们应尽量减少版面中虚空间的数量，使多个虚空间尽量变成一个整体，版面效果才会更加整体。在传统绘画构图中有一个说法——疏能跑马、密不能插针，就是指的图、底面积关系的组织要有对比。

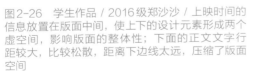

图2-26　学生作品／2016级郑沙沙／上映时间的信息放置在版面中间，使上下的设计元素形成两个虚空间，影响版面的整体性；下面的正文文字行距较大，比较松散，距离下边线太远，压缩了版面空间

图2-27　学生作品／2016级郑沙沙／做了简单调整之后，版面中间的虚空间由4个减少为3个，虚空间更整体，正文文字行距微调，向下边线靠近，版面效果整体变得更大气、舒展

　　版式设计是一门极为重视细节的视觉艺术。有时候一个小小的设计细节会对版面整体效果产生极大的影响。所以，我们在组织版面设计元素时，对虚空间的安排非常重要。在中国传统美学中有一个书法术语叫"计白当黑"，就是讲在书法艺术中

将字里行间的虚空（白）处，当作实画（黑）一样布置安排，虽无着墨，亦为整体谋篇布局中的一个重要组成部分（图2-28、图2-29）。

图2-28（左）　学生作品／2016级张英／整体设计得不错的一个版面，标题字组合成一个新的样式，细腻精致，成为版面中的视觉重点。但标题字左侧的英文文字将虚空间一分为二，破坏了版面的整体性

图2-29（右）　学生作品／2016级张英／稍作修改，将英文文字提升到版面顶边线，和底边线的英文文字形成呼应，扩展版面空间；留出的虚空间变得整体，且在设计元素的对比下产生了后退、深远的空间感

2.2.2　组合

在视觉信息中，要素的组合是非常重要的，我们需要把信息根据其关联性的不同——紧密、疏远、主次、形态等进行有效组合，使观者得到一个有序的、信息清晰、易于阅读的版面。一般来说，设计元素的组合有三个功能：一是通过组合减少虚空间数量，使版面变得整体有序；二是通过设计元素的组合形成新的设计样式，提升版面美感；三是形成更强的视觉引导，让版面主次分明（图2-30~图2-32）。

图2-30　学生作品／2018级刘骏晨／将标题字和第二层级文字进行组合，正好填补标题字字间距形成的虚空间，减少版面中的虚空间数量，使版面变得整体

图2-31（左）　学生作品／2018级席博蒙／将专辑名称和歌手姓名进行组合，形成新的标题字样式，提升了版面美感和视觉冲击力

图2-32（右）　学生作品／2018级吴旭／将演员表和标题字组合，使虚空间变得整体，并使标题字、演员表、剧情介绍在视觉上形成强弱对比，层级分明，视觉导向清晰

组合和虚空间联系紧密，虚空间的设计要通过组合来完成。组合和虚空间的灵活运用能够使版面变得更加简洁，产生疏密、松紧、强弱、大小等具有对比性的视觉感受，使得版面产生节奏感和韵律感（图2-33、图2-34）。

图2-33（左）学生作品／2016级蒲佳／版面中每组视觉元素均匀分布，使版面效果缺乏节奏

图2-34（右）学生作品／2016级蒲佳／将居中的两组文字分别上移和下移，和其他两组设计元素组合在一起，微调文字行距，修改后版面效果变得有节奏，更干净整体

小贴士

如果版面效果显得松散，可以对设计要素进行梳理，根据视觉元素的关联性进行组合。一般来说，关联性强的视觉要素的组合强调统一和形式感；关联性弱的要素的组合强调变化，分出视觉的层级。通过组合使虚空间变得整体，这是解决版面松散、视觉效果弱，版面力度不够的有效方法。

2.3　版面编排的方向

在版式设计中，大多数情况下文字的编排方向是影响观者阅读方向的决定性因素。常规的编排方向有四种，水平方向、垂直方向、"水平＋垂直"方向和倾斜方向。其中，水平方向和垂直方向的版面编排都是单一方向，在处理轴线和分栏时改变基准线方向即可。中文有竖排模式，应用垂直方向的版面编排形式不影响文字的阅读，且中文传统的编排方式就是从右至左纵向编排的（图2-35）。只是在垂直方向编排文字较多的正文时，标点符号占用的字符空间比水平方向编排的空间大，会显得文字较松散。拼音及英文文字无竖排模式，垂直编排只能旋转文字方向，会影响观者阅读，因此，文字较多时不要使用垂直编排方向。现代版面设计中，不推荐单一方向的垂直编排，一是因为不符合人们的阅读习惯，二是因为编排受到的限制较多。本节我们主要讨论其他三种版式编排方向。

图2-35　垂直方向的版面编排／版面中的轴线为水平线，组合、虚空间、层级等视觉原理的运用和水平方向编排类似

2.3.1　水平方向的版面编排

　　水平方向的版面编排最符合人们的阅读习惯，视觉流程也最为清晰、舒适，所以，在出版物设计、网页设计等信息复杂、文字较多的版式设计中应用最为广泛（图2-36~图2-38）。水平方向的版面编排也是几种版面编排方向中最好操作、最容易控制的编排形式。它具有视觉效果有序、统一而整体，适合编排大量文字版面的优点；但同时，水平方向的编排形式变化也相对较少，版式的效果容易显得平淡。

图2-36　学生作品／2018级曾静／版面中主要文字都为水平方向编排，阅读清晰舒适。标题字组合中有个别垂直方向的文字，但标题字组合我们通常将其看作图形元素

图2-37（左）　学生作品／2016级魏雪梅／单一水平方向编排文字的版面，文字编排有层级，轴线清晰，有秩序感很强的版面效果

图2-38（右）　学生作品／2019级陈明源／所有视觉元素水平编排，虽然没有复杂的变化，但通过文字层级、轴线的控制，版面效果干净整洁，秩序并然

2.3.2　"垂直+水平"方向的版面编排

　　"垂直+水平"方向的版面编排相比水平方向多了一个视觉方向，版面会更加活跃。但同时，"垂直+水平"方向编排的版面，其阅读导向比水平方向复杂，需要观者更多的注意力，阅读的轻松感就会降低。在中文为主的"垂直+水平"方向的版面编排中，同一方向排列文字的阅读导向应尽量一致。（注：拼音和英文文字的编排方向不要从下向上编排，因为中文文字竖排无法从下向上阅读）。汉字的竖向排列虽然不影响阅读的流畅，但现代人的阅读习惯仍然是横向阅读，因此，通常在实际运用中，大量且复杂的正文信息我们一般不使用垂直方向编排。多数情况下，会把标题文字，或次要的少量信息文字采用垂直方向编排，主要起到丰富和活跃版面的作用（图2-39~图2-41）。

图2-39　学生作品 / 2018级刘禹丘 / 版面中两个色块规划了"垂直+水平"编排的格局，两个视觉方向得到强化，版面效果显得有变化

图2-40　学生作品 / 2019级尹瑞玲 / 将版面左右分栏，左侧水平编排，右侧垂直编排，减弱两个方向编排文字的阅读导向冲突，使版面效果显得安静、平和

图2-41　学生作品 / 2018级袁格 / 标题字垂直方向编排，较多的正文文字水平方向编排，活跃版面的情况下保持文字的易读性

　　实际设计中，一般主要信息采用水平方向编排，增加信息的易读性，次要信息采用垂直方向编排，增加版面活力；水平和垂直方向编排的设计元素尽量不要均分，取一个主导的编排方向，版面显得更加有秩序（图2-42~图2-43）。

> 小贴士
> "垂直+水平"方向的版面编排样式并不是只有文字要素才适合，我们也可以利用一些有方向性的图形来营造一种由垂直、水平两个方向构成的版面效果。

图2-42（左）学生作品 / 2018级李红玲 / 垂直编排的正文和标题互为补充，强化了设计意图，水平编排的少量文字起到调节版面的作用，使版面效果产生对比和节奏
图2-43（右）学生作品 / 2019级周艺洋 / 标题和正文均采用水平方向编排，较少的信息垂直方向编排，视觉上形成较强的对比变化，但文字的易读性丝毫不受影响

2.3.3　倾斜方向的版面编排

　　倾斜方向的版面编排既是动态感最强烈，又是变化最丰富的版面编排形式。倾斜方向编排的版面可以形成更具趣味性也更具有张力和动感的版面效果。但倾斜方向编排的设计元素比水平或垂直方向编排的设计元素需要更大的版面空间，且编排大量文字会增加阅读的困难。因此，大多数倾斜方向的版面编排形式用于海报设计、包装设计、封面设计等单页的视觉媒介。杂志、书籍内页等多页文档，由于信息量

大，需要长时间阅读，一般不会使用倾斜方向编排的版面形式。

在倾斜方向编排的版面中，视觉元素的倾斜角度要么是同一倾斜角度，要么是呈垂直的对比性倾斜角度。过多倾斜角度的设计元素组合不容易形成秩序感，较难控制（图2-44）。

图2-44　学生作品／2008级常金美／同一倾斜角度编排的版面，以五角星一条边的倾斜角度为轴线，使版面保持很好的秩序感，文字层级的变化增加了版面的节奏。标题字靠近顶边线扩展版面，最长的文字信息靠近底边线，很好地支撑了版面

视觉元素同一倾斜角度编排的版面文字，阅读的易读性和流畅感较好，版面秩序也比较容易控制。同样需要运用轴线、组合与虚空间、视觉中心等视觉原理。要注意倾斜的视觉元素和版面边、角之间的关系。要有视觉元素靠近版面边线或角，才能使版面更有视觉张力。如果没有任何视觉元素靠近边线或角，视觉元素会漂浮在版面中，周围的虚空间会压缩版面空间，使版面显得不够舒展（图2-45、图2-46）。

图2-45（左）　学生作品／2016级陶安然／同一角度倾斜编排的版面，一个视觉导向使观者阅读流畅，正文文字的角点靠近底边线，形成一个支撑角

图2-46（右）　学生作品／2019级李慧／虽然版面中有对比性倾斜的文字，但绝大多数文字信息采用了同一导向编排，因此版面的文字信息仍然清晰易读

视觉元素呈相互垂直的对比性倾斜角度的版面相比同一倾斜角度编排的版面变化更丰富，两个倾斜方向的视觉元素产生冲突，使版面的视觉冲击力更强，需要考虑的因素也更多（图2-47~图2-49）。

图2-47　学生作品／2016级彭吉／版面中的设计元素相互垂直，呈对比性倾斜，增加了视觉的跳跃感，使版面更加活跃

图2-48（左） 学生作品／方玲／设计元素相互垂直且形成一个发散构成，使版面呈现出重复的节奏感

图2-49（右） 学生作品／2019级周艺洋／标题文字和正文形成对比性倾斜的构成形式，在方向和视觉空间上均形成强烈的视觉对比

小贴士

当版面中的文字编排相互垂直呈对比性倾斜时，文字的阅读导向就是一个需要着重考虑的因素。一般来说，将文字信息分类整理，同类别文字采取同一导向编排；呈对比性倾斜的文字编排，顺时针方向阅读会更加舒适、清晰（图2-50~图2-53）。

图2-50（左上）学生作品／2016级杜权友、图2-51（右上）学生作品／2016级苟永强、图2-52（左下）学生作品／2019级李婷、图2-53（右下）学生作品／2019级王维／标题字和正文文字的编排方向呈顺时针旋转，使文字阅读比较流畅

　　应用倾斜方向的版面编排形式时，要将版面中的文字结合图形要素自身的方向性、构成要素组合所形成的轴线的倾斜度同时考虑，文字要素的倾斜度与图片方向、轴线呈同一倾斜角度或垂直的对比性倾斜角度更能获得版面的秩序感（图2-54~图2-58）。

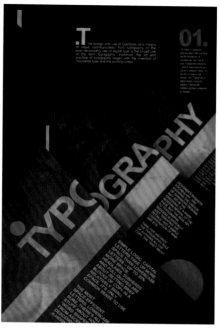

图2-54（左上）　封面设计／五角星是版面中主要的图形元素，以五角星的倾斜角度为基准线，文字编排呈同一倾斜角度，版面既活跃又可清晰阅读

图2-55（左下）　学生作品／2008级刘艳／水平编排的文字远离版面中心，在倾斜方向编排的文字边界之外，使两者关联性减弱，因此不影响版面的秩序感和和谐

图2-56（右）　海报设计／纸张折叠效果的折痕形成的倾斜线作为倾斜方向编排的基准线，同一倾斜角度的标题字和对比性倾斜角度的正文随纸张折叠效果渐远，形成空间层次感，版面中水平编排的文字远离倾斜编排的视觉元素，也在倾斜元素边界之外，形成弱关联性

图2-57　PPT模板设计图例／这张版面中的水平要素和倾斜要素交织在一起，但很明显，图中的三角形色带所构成的图形成为视觉重点，并且主导了整个版面的秩序

小贴士

一般我们不建议在倾斜方向编排的版面中添加过多的水平设计元素，这样会使版面混乱。如果需要加水平方向的视觉元素，可远离倾斜方向视觉元素，以减弱它们之间的关联性。当然，也有例外，如果版面中的图形元素具有较强的视觉引导方向和秩序感，其他设计元素和图形元素保持一致则可以打破这个限制。所以，我们在实际的版面设计过程中，图形元素的样式还会让设计过程更加复杂，这个我们在后面的章节中进行讨论。

图2-58　学生作业 / 从构成关系上来看，要素的组合以及倾斜角度似乎没有太大的问题，但这个版式却始终给人一种别扭的感觉，总觉得哪里不对。问题就出在倾斜角度的似是而非上。放大细节之后，我们通过倾斜参考线可以看到，版式中文字的倾斜角度相互间形成了一个夹角，没有保持同一倾斜角度，这些产生误差的角度并不太大，所以还没有破坏整体版面的秩序感，但却严重影响了版面的美感

> 小贴士
> 值得注意的是，在倾斜方向的版式编排过程中，对细节的把握要精益求精，有时候忽视细节会破坏版面的整体效果。

2.4　网格系统版式设计

　　网格系统版式设计又叫标准尺寸系统、程序版面设计或瑞士版面设计，是一种运用网格作为版式设计辅助基准，进行文字、图片等设计元素编排的设计方法。由于网格系统在处理内容较多的复杂版面时具有简洁、高效的优势，因此，现代版式设计已经将网格设计方法作为一种最基础的设计准则来遵循，并在此基础之上探索更多样丰富的视觉效果。

　　网格系统的优点在于强调秩序感，版面效果统一、规整，阅读清晰舒适，在设计时容易操作和控制；弱点是约束过于严格的网格系统容易使版面效果单调而缺乏活力。因此，我们在学习网格系统版式设计时，要熟练掌握和探索网格系统的变化形式，并在版面中灵活应用，才能更好地发挥网格系统版面设计的优势。

2.4.1　分栏网格

　　分栏网格是版式设计中应用最普遍的一种网格形式。在分栏网格中，版面中的垂直栏线是主要的约束轴线，设计要素要安排在各栏线以内，不可在水平方向超出栏线，但在垂直方向可以上下移动，没有严格的水平约束。

常见的分栏网格有等分栏宽网格、渐变栏宽网格，分栏的数量根据应用载体和设计效果的不同有单栏、双栏、三栏和多栏网格等类型（图2-59、图2-60）。等分栏宽网格编排的版面通常给人一种均衡、稳重之感，但也有略显呆板的缺点。渐变栏宽网格编排的版面因有差异的栏宽形成面积不同的板块，在视觉上更有变化。

单栏网格一般多用于单页的版面，如海报设计、书籍设计等。其实相当于不分栏，需重点考虑轴线、视觉中心、组合与虚空间等设计原则，才能更好地控制版面。我们这里不做重点介绍，请参见2.1、2.2的内容。

图2-59　学生作品 / 2018级苟小芮 / 一个三栏的版面结构，正文文字限制在栏线以内，保持了版面的秩序感，标题字组合后占两栏的空间，使虚空间有整体感

图2-60　学生作品 / 2019级刘江行 / 三栏结构，版面有秩序，阅读清晰。虚空间稍显分散，使版面不够紧凑。仍然有两条文字信息跨两栏编排，这个分栏网格的变化参见后面内容

（1）等分栏宽网格

双栏等分网格更适合于文字内容较多的版面，如杂志设计或宣传册设计。双栏网格将文字内容分为两块，使观者可以在较短的时间换行而缓解视觉疲劳，阅读较为舒适。等分栏宽的网格系统在版面分割上比较均衡，一般在应用时，正文文字严格按照网格约束编排，标题文字或图片可以通过跨栏编排来丰富版面结构（图2-61）。

图2-61　宣传册内页设计 / 双栏等分网格，并将较多的文字分块编排，使观者阅读清晰有序，版面干净整洁

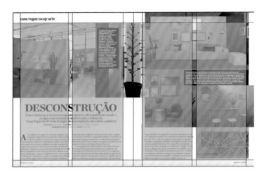
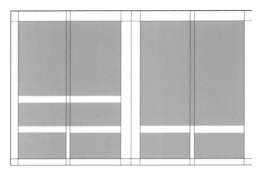

图2-62　杂志内页设计／较多的正文文字分栏之后提升了阅读舒适度。从上部简化后的版面结构示意图我们可以看出，分栏网格版面中的设计元素可以跨栏合并编排。如图中的图片组合和标题文字组合是将跨栏编排和分栏编排结合，可以使版面更富有变化

多栏等分网格主要根据版面的大小和编排内容的需要设定栏数（图2-62~图2-65）。栏数也不可设定得过多，过窄的栏宽编排的文字需要观者频繁换行，会影响阅读的流畅。一般来说，杂志、宣传册等16开本的印刷载体安排3~4栏比较合适；报纸等开本更大的印刷载体可以设定更多的栏数，一般7~8栏。进行多栏网格编排时，正文文字也可以跨栏合并编排，但为了保持版面的秩序感，跨栏编排的正文文字要尽量紧贴栏线对齐。

图2-63　杂志内页设计 / 三栏等分网格的版面编排，文字编排用网格约束，通过图片形状（挖版、圆形、方形等处理方法，参见本书第4章）的变化和文字融合，文字左对齐，右边自由编排，使本来极为均衡的版面变得活跃

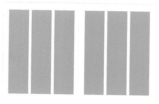

图2-64　杂志内页设计 / 一个变化了的等分三栏结构。正文文字完全按照基本栏宽编排，标题文字和引言合并为两栏编排，文字左右两端与栏线对齐，保持版面的秩序感，使版面整洁、倾斜。跨栏合并编排的主图使版面效果舒展开阔

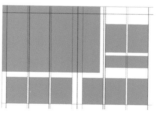

图2-65 报纸版面设计/《中国日报》海外版/7栏的报纸版面,版面结构严谨、规范,显得稳重、大气。合并编排的标题性文字、图片元素使版面效果富有变化且精致细腻

（2）渐变栏宽网格

渐变栏宽的网格系统使版面结构形成更丰富的变化,可以增强版面视觉效果的节奏感。层级较多的文字信息的编排设计有更大的发挥空间。双栏渐变栏宽的网格系统在单页版面中可以区分信息主次,在多页文档设计时主要用于调节版面面积和节奏的变化(图2-66、图2-67)。

图2-66 海报设计/通过不等宽的渐变分栏形成非绝对对称的均衡版面,使版面更有节奏

图2-67　杂志内页设计／用不等宽的渐变网格区分正文内容层级，同时使版面面积有变化，形成视觉节奏。从图例中我们可以看到，文字信息较多时，较长栏宽的文字编排形成的版面效果整体而稳重。如果缩短栏宽，改为三栏的格局，版面会变得活跃。因此，我们要根据设计意图来考虑分栏网格系统的结构

　　多栏渐变栏宽的版面更适合文字层级较多的版面设计。可以根据文字信息的不同类别安排在不同的栏中，使观者阅读更加清晰。配合不同类别文字不同的字体、字号，视觉上也能形成更丰富的变化（图2-68~图2-71）。

图2-68　杂志内页设计／版面切口一侧的栏宽较窄，用于编排引言、注释等不同层级的文字信息，较少的文字信息产生点的视觉效果和正文文字的面形成对比，使版面变得活跃

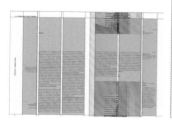

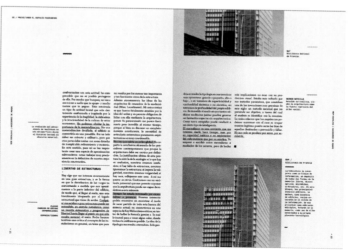

图 2-69　杂志内页设计 / 更多变化的三栏渐变栏宽版面。版面中三个栏的栏宽均不同,中间一栏最窄,通过文字的强弱和虚空间形成版面的一个视觉缓冲,提升有大量文字信息的版面的易读性和视觉美感

图 2-70　海报设计 / 三栏渐变栏宽网格版面,对称的栏宽使版面井然有序,中间一栏加宽使主体物突出,形成主次分明的视觉效果且和两侧的视觉元素形成空间层次

图2-71　分栏网格系统参考示意图

2.4.2　单元格网格

　　单元格网格系统不仅在垂直方向对设计元素进行约束和限制，在水平方向也有同样的约束和限制（图2-72、图2-73）。单元格网格系统有三个优点：一是应用单元格垂直、水平的严格约束，可以形成块状重复的版面效果，类似平面构成中的重复骨骼，使版面极有形式感；二是单元格网格能够将并列、复杂的信息有序清晰地展示；三是通过单元格的独立或合并应用，可以在版面中形成丰富的变化。单元格因其网格系统的特性，特别适合应用于目录页、索引页等功能性版面的编排。

图2-72　报纸版面设计／块状编排的正文文字简洁明了，让人产生好感。文字、图片的放置分别相对集中，在视觉上形成强弱对比。整个版面虽然利用网格编排得比较严谨，但形成的视觉效果却松紧有度

图2-73 杂志内页设计 / 版面内容是人物介绍，单元格网格的编排使图文对照清晰，分散放置的图片形成跳跃点活跃了版面效果，使版面简洁而不单调

───小贴士───
在应用单元格网格系统过程中，合并单元格的应用可以增加版面的变化，但也容易使单元格网格失去重复的节奏和形式感，失去单元格网格自身的特性。同时，随着单元格数量的增加，版面的节奏和形式感也可以增强，但过多的单元格会使版面琐碎而松散，应用时要把握好度。

2.4.3　基线网格

与分栏网格和单元格网格相比较，基线网格更像一种版式设计的辅助工具。它的主要功能不像分栏网格和单元格网格可以通过组合变化形成更丰富的版面效果，它主要为设计师提供一种精准的设计参考线，使版面中的元素能够编排得更为严谨精确（图2-74~图2-76）。通常，基线网格和分栏网格会结合起来使用，能够保证版面在富有变化的同时秩序鲜明，阅读清晰。

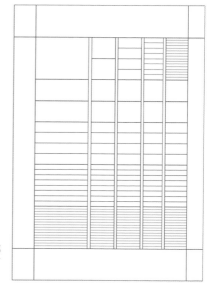

图2-74 基线网格示意图 / 基线的间距按照倍数递增或递减，主要提供水平方向的约束和限制。对版面秩序的影响不如轴线那么明显，但为设计元素的层级变化提供了一种规范和参考，更有利于版面空间关系的形成

当使用基线网格时，不论设计元素处于版面的哪一栏，都可以利用基线网格在水平方向精准对齐，使版面整洁、严谨而精确。严格的基线网格要通过精确的计算来设置，通常以版面中高度最小或高度最大的设计元素（通常是文字及其行距的高度和）为基准进行倍数的放大或减小。使用基线网格，也有利于我们在编排文字时设计和控制文字的层级关系，以及文字组合样式的层级变化。

图2-75　海报设计 / 各设计元素组合在水平方向上对齐，使版面层级关系非常明显，形成近、中、远的视觉空间感

小贴士

基线网格的应用并不需要每一条基线均有元素对齐，我们通常将成组的元素进行顶线的水平对齐，这样得到的版面效果才更有变化，而不会因基线的精准影响版面视觉效果的灵动。在并不过分强调规范性的版面中，基线间距之间的级差也可以不是倍数关系或者可以跨级编排。

图2-76　展览海报 / 将文字元素利用基线网格编排，文字虽然并不紧凑，但仍然整齐，保持了版面的秩序感；该版面使用的基线间距较为灵活，没有严格按照倍数递增或递减。在并不过分强调规范性的版面设计中，基线的作用主要是提供一种水平约束和层级设计的参考，可以根据需要变通

2.4.4 自由式网格编排

艺术设计是一个富有创造性的活动，版式设计在基本规范的基础上也同样追求独特的创意和视觉变化。无论是分栏网格、单元格网格还是基线网格，都为我们设计和规范版面秩序提供了很好的设计辅助。在此基础上，设计师们也在不断探索具有独特视觉效果的版面表达方式。

自由式网格编排与自由式版面编排有所不同。自由式编排的版面一般没有太多规律性的设计结构，更多的是设计师在遵循视觉法则的基础上自由发挥。而自由式网格编排是指以分栏网格、单元格网格、基线网格为基础框架，将这些网格系统或者综合运用的网格系统进行变形处理，在版面中形成新的编排样式和结构，但基础网格的框架并不会被舍弃。这样用自由网格系统编排的版面会保持版面的基本秩序和美感，但又突破了常规网格系统编排的样式，给人带来新奇、独特的视觉感受（图2-77、图2-78）。

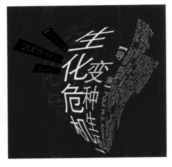

图2-77 学生作品 / 2016级王一秀 / 自由式网格编排的版面，设计元素经过扭曲变形后呈发散状编排，强弱对比、空间层次都比较丰富，视觉效果也比较独特

图2-78 学生作品 / 2019级陈雪琪 / 自由式网格编排的版面，文字元素集中编排，留出整块的虚空间，使版面比较整体。标题文字和正文文字相互穿插，形成较独特的版面效果

> **小贴士**
> 自由式网格编排本身无规律可循，我们可以在设计实践中不断去探索和发掘新的样式。但从图2-77、图2-78可以看出，文字较多的版面设计用自由式网格编排要特别注意文字的易读性和阅读体验的清晰流畅。不能只追求版面艺术效果的独特和新奇而舍弃信息传达的准确清晰。

在基本网格形式（为了表述的便捷以及区分自由网格系统，我们把分栏网格、单元格网格和基线网格简称为基本网格）的框架下进行变化的自由式网格系统也是法无定式，有赖于设计师创造性的设计思维和实践。我们列举几种可操作的设计方法供大家参考学习。

（1）基本网格的倾斜变形

这种编排方式是倾斜编排的拓展应用，对较多的正文文字编排更加友好、易操作，可以保持文字阅读的清晰流畅（图2-79）。

图2-79　报纸版面设计 / 配合版面内容的趣味性将分栏网格进行倾斜变形。从示意图我们可以看到两个角度的倾斜网格框架，倾斜的角度不大，对正文文字的阅读舒适度几乎不造成影响，但对版面动感和活力的提升效果明显

（2）基本网格的透视变形

将基本网格通过透视变形形成近大远小的视觉空间效果（图2-80、图2-81）。这种自由编排网格系统要注意透视角度的控制，保持版面中变形编排后的文字易读性和阅读流畅是控制的重点。

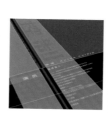

图2-80　学生作品 / 2019级向潇羽 / 改变基本网格的视角，就像将本来垂直于观者视线的纸张放平，使附着于纸面的设计元素呈现出由近及远的空间纵深感

图2-81 海报设计／标题文字和正文文字的编排网格以右侧版心边线为立轴，以版面中图形的平面为水平线，顺时针方向旋转一个角度，让观者在视觉上产生了文字和纸张界面之间有一个三维空间角度的感觉，使二维的版面能够给人以三维空间的视觉感受

（3）基本网格的叠加

在版面中有两个或者两个以上的基本网格框架，将版面内容进行分类整理，在基本网格中进行编排后再叠加（图2-82~图2-84）。要注意主要信息的完整，控制叠加网格系统之间的遮挡关系。

图2-82 海报设计／版面中有两个分栏网格系统。版面主编排网格是一个双栏渐变栏宽网格（示意图中绿色网格），在主编排网格的右侧一栏叠加一个三栏渐变栏宽网格（示意图中紫色网格）。这样的编排形式可以使主要内容显得大气整体，细节内容又丰富、精致

图2-83　动态海报静
帧截图／两个分栏网格
的叠加，倾斜网格和基
本网格之间的遮挡关系
前后穿插，形成有趣的
视觉错位，使版面的变
化更丰富

图2-84　海报设计／
从示意图中我们可以看
出绿色和紫色两个倾斜
变形网格的叠加，将视
觉元素分别编排在两个
网格中，形成小角度的
视觉变化，使版面含蓄
而富有新意

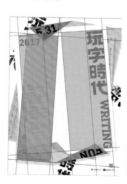

小贴士
基本网格的叠加在应用时要注意用于叠加的变形网格之间形成的角
度不要过大。角度差异过大的网格中分别编排的文字，观者阅读时需
要改变的阅读方向过大，从而影响阅读体验。

（4）基本网格的空间折叠

这种网格的变化是在基本网格透视变形的基础上深化出来的更为复杂的编排形式（图2-85、图2-86）。两种网格变形的共同点都是在二维版面中产生出三维立体化的空间视觉效果。不同点是，基本网格透视变形一般只有一个透视网格，相对来说比较简单容易控制；基本网格的空间折叠是指在版面中有多个网格面沿多条轴线产生折叠关系，使版面的空间效果更加强烈。

图2-85　学生作品/2018级余洁/将版面中的视觉元素沿三维空间的X、Y、Z三条轴线进行空间折叠，使视觉元素组合具有整体感，版面呈现出强烈的空间视觉效果

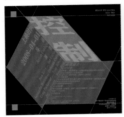

图2-86　海报设计/设计师：Yi Fan Chang/版面中的视觉元素分别沿多条垂直栏线进行空间折叠，通过折叠的方向形成空间上的前后关系，加强了版面的空间视觉效果

　　自由网格编排形式之所以被称为自由，就是这种编排方法随着设计实践的不断探索可以幻化出更多更丰富的新样式。除了本书列举的案例，相信还有很多有趣的版面样式没有被笔者收录，例如在基本网格基础上进行曲面变形的自由编排网格。也欢迎大家将创作的新自由网格编排样式和笔者交流。

Chapter

第3章 文字编排设计

第3章教学视频

3.1 文字编排涉及的基本元素

版式设计的基本功能是信息传达，相对于图形、色彩等其他元素来说，文字是信息源中传达概念时最不易产生歧义的一种信息载体，因此，在版式设计中，对文字的编排、应用极其重要。仅仅只有文字的版式设计，也可以产生具有丰富层次的视觉美感，从而给阅读者带来愉悦的阅读体验（图3-1、图3-2）。一个对文字编排有很强的驾驭能力的设计师，往往在版式设计中能够更加得心应手，游刃有余。

图3-1（左）四川美术学院毕业创作展览海报／版面中只用文字作为视觉元素，通过字体、字号大小的变化形成视觉强弱的对比，增加画面的层次感和空间感
图3-2（右）日本高校毕业创作展览海报／作品通过对文字的把控，产生视觉层级，并形成清晰的视觉导向，使较复杂的信息清晰易读且视觉效果丰富

一般来说，我们在进行文字编排设计过程中会涉及文字的字体、字号，也就是文字的大小，以及字符间距、行间距、文字颜色等几个因素，这些因素都会影响到版式设计中文字编排带给观者的视觉感受，影响阅读效果。

3.1.1 字体

版式设计的文字编排首先涉及的是字体的选择，不同字体在版式设计中主要影响两个方面，一是视觉风格，二是视觉强度。同时，作为标题的较大文字和作为正文的文字在字体选择的侧重点上也有差异。

（1）标题文字的视觉度

在版式设计中，标题文字的选用是作为一种图形样式来对待的，设计者更重视其视觉强度和美感，相同文字不同的字体，其视觉强度差异很大。

我们比较一下图3-3中的文字，由上而下不同的字体形成了由强到弱的不同视觉强度，第一行的优设标题黑字体视觉度最强，最后两行的华文宋体和凌慧体的视觉度最弱。一般来说，较大标题字的视觉强度主要取决于文字的笔画粗细，就文字本身而言，笔画越粗，文字间架结构中的白空间就越小，文字就越整体，视觉度越强。如图3-4，我们把庞门正道标题体和华文宋体做了一个对比，通过黄色圆形的密度我们可以清晰地对比出两种字体因笔画粗细不同所形成的白空间差异，从而形成了视觉强度的极大差异。

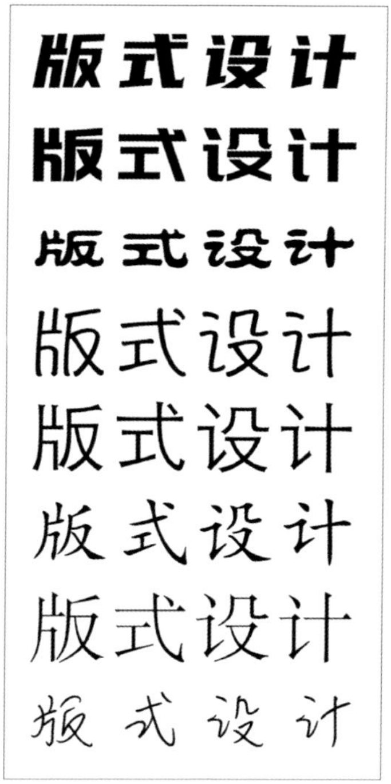

图3-3（左）　不同字体形成的不同视觉强度对比
图3-4（右）　字体样式和笔画粗细形成不同的虚空间对比

（2）标题文字的面化

我们在进行版式设计的时候，对文字要素的编排，实际上就是对点线面的经营和控制。面增加版面的视觉度，点增加版面的活跃度，线起到协调、统一的作用，使版面得以调和。因此，通常情况下，在进行标题字的设计时，需要把它理解为版面中的一个色块，应该利用较强的视觉度来吸引受众的注意力。在编排标题文字时，不能只考虑让读者看到，仅仅将其放大是不够的，而是要根据所需要的色块的视觉强度，来选择不同笔画粗细的字体。

　　通常，作为标题文字要选择笔画粗一些、视觉度强一些的字体。文字的笔画和间架结构中的空白对比会因文字大小的不同而发生变化。例如：同样的宋体字或楷体字，当作为正文文字的时候，笔画粗细和留白空间对比就很合适，视觉清晰，阅读舒适。当作为标题文字的时候，宋体字或楷体字就会因为放大以后的留白区域太多，使文字不能形成统一、整体的色块，而影响视觉强度和画面美感。反之，庞门正道标题体和优设标题黑字体，笔画较粗，作为标题文字比较合适，但如果作为正文文字，就会因为缩小之后的留白区域几乎看不到，在视觉上粘连成一片，影响文字的清晰度，使阅读困难，如图3-5、图3-6所示。

我们在进行版式设计的时候，对文字要素的编排，实际上就是对点线面的经营和控制。面增加版面的视觉度，点增加版面的活跃度，线起到协调、统一的作用，使版面得以调和。因此，通常情况下，在进行标题字的设计时，需要把它理解为版面中的一个色块，应该利用较强的视觉度来吸引受众的注意力。在编排标题文字时，不能只考虑让读者看到，仅仅将其放大是不够的，而是要根据所需要的色块的视觉强度，来选择不同笔画粗细的字

图3-5　正文文字笔画粗细形成的虚空间比较合适，使阅读清晰、舒适

我们在进行版式设计的时候，对文字要素的编排，实际上就是对点线面的经营和控制。面增加版面的视觉度，点增加版面的活跃度，线起到协调、统一的作用，使版面得以调和。因此，通常情况下，在进行标题字的设计时，需要把它理解为版面中的一个色块，应该利用较强的视觉度来吸引受众的注意力。在编排标题文字时，不能只考虑让读者看到，仅仅将其放大是不够的，而是要根据所需要的色块的视觉强度，来选择不同笔画粗细的字体。

图3-6　正文字体笔画较粗时，留白区域过小，影响文字清晰度，使阅读困难

（3）标题文字的视觉风格

　　字体样式不仅影响文字的视觉度，也会影响版式设计的视觉风格，特别是版面中作为主体占较大空间的标题文字。字体的视觉风格和字体的历史、文化等诸多因素有关。如中文书体有行书、草书、篆书、楷书，不同书体的视觉风格和艺术魅力也不尽相同，甚至不同书家所写的书法也有自己的独特风格（图3-7、图3-8）。

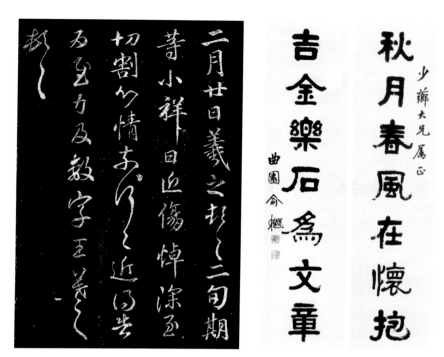

图3-7（左）　晋代王羲之《二月廿日帖 》书法刻本、图3-8（右）清代俞樾隶书对联

　　我们现在获取各种字体的途径很多，字体的种类也非常多。在版式设计中，标题文字字体会根据不同的版式设计需求进行选择或设计。或从电脑字库中直接选择，也可用书法的表现手法进行创作，还可通过一些设计软件、特殊笔刷进行设计。在选用字体的时候，要使字体样式所具有的风格和版式的设计风格相匹配。例如，图3-9中的四种字体，分别具有不同的审美趣味。图3-10和图3-11的文字就是平面设计师根据设计需求创作的书法字体标题字，或潇洒，或拙朴，或狂放，或温情，标题字本身就已经具备了丰富的审美情感，当然更能够给版式设计增色。

图3-9　字体风格比较　图3-10（左）、图3-11（右）　根据需求创作书法字体 / 作者：刘鑫（是无山居人）

　　西文字体同样也因其产生发展的时代背景和文化差异而具有不同的视觉风格和审美特点。西文字体总体而言分为三大类：衬线体、无衬线体和其他字体。

衬线体的主要特点是在起笔落笔处有装饰转角或延伸，如图3-12、图3-13，大多数衬线体的笔画粗细会有变化，其彰显的视觉效果具有经典、传统、高雅的风格。尤其古罗马体，是西文字体中历史比较悠久的字体，它的装饰倒角的规范也比较严格，通常在欧美设计中作为一种比较传统的书体来使用。现在我们较常用的新罗马体是在古罗马体的基础上做了一些简化和修改，使它比古罗马体更具现代气息。

图3-12　无衬线体和衬线体细节差异 　　　　　　　　　　　图3-13　衬线体

无衬线体相对于有装饰性的起笔落笔的衬线体而言，在起笔落笔处不再有装饰性的衬线，同时，笔画粗细的变化也被粗细均匀、更加理性的字形架构取代（图3-14）。无衬线体的兴起与现代主义风格和实用主义的思潮紧密相连，注重理性、简洁、精确、高效，因此，通常无衬线体都具有现代、理性、简洁的风格特点，并广泛地应用于广告设计、宣传海报等商业领域。

衬线体与无衬线体是西文字体主要的两大类别，大多数字体都是由此设计创作而来。除此之外的字体风格统一归类为其他类，例如：歌德体也称哥特体（图3-15）。它的字形起源于欧洲14世纪左右，是欧洲宗教文化中比较严苛的时期，所以，歌德体的使用会给人一种复古、冷峻、孤独、神秘的感觉。

图3-14　无衬线体 　　　　　　　　　　　图3-15　歌德体

相较而言，西文字体在我们的版式设计应用中不如中文字体那么普遍，大多数情况下是作为中文的辅助来应用的，所以，我们对西文字体的风格要有所了解，但更重

要的是如何通过练习掌握中文字体的艺术风格。除此之外，版式设计中的标题文字还可以通过更多的设计手法来产生丰富的样式，满足我们整体设计的需要，这个内容将在3.5节中给大家讲解。

（4）正文文字的字体应用

　　设计正文文字的时候，字体的不同主要影响视觉的强弱和阅读的舒适。我们以图中最常用的三种字体进行比较，图3-16是黑体，视觉度最强，但如果长时间、大量阅读文字，会使人眼睛更疲劳；图3-17是宋体，视觉度最弱，因为它的横笔纤细，和底色的对比相对较弱；图3-18是楷体，视觉度介于黑体和宋体之间，阅读最为舒适。

平面设计的历史悠久，它的起源可以追溯到人类文明的初期，具有平面设计意义的作品自古有之，古老的岩穴壁画可以看作是最为原始的平面设计作品。经过中世纪、文艺复兴、工业化时代等几千年的不断发展，平面设计发展到了一个新的阶段：现代平面设计。平面设计因与印刷相联系，因此往往受到印刷服务对象的限制和要求的影响，从而与各个不同时代的社会背景发生密切的关系。	平面设计的历史悠久，它的起源可以追溯到人类文明的初期，具有平面设计意义的作品自古有之，古老的岩穴壁画可以看作是最为原始的平面设计作品。经过中世纪、文艺复兴、工业化时代等几千年的不断发展，平面设计发展到了一个新的阶段：现代平面设计。平面设计因与印刷相联系，因此往往受到印刷服务对象的限制和要求的影响，从而与各个不同时代的社会背景发生密切的关系。	平面设计的历史悠久，它的起源可以追溯到人类文明的初期，具有平面设计意义的作品自古有之，古老的岩穴壁画可以看作是最为原始的平面设计作品。经过中世纪、文艺复兴、工业化时代等几千年的不断发展，平面设计发展到了一个新的阶段：现代平面设计。平面设计因与印刷相联系，因此往往受到印刷服务对象的限制和要求的影响，从而与各个不同时代的社会背景发生密切的关系。

图3-16　黑体正文文字视觉效果　　图3-17　宋体正文文字视觉效果　　图3-18　楷体正文文字视觉效果

　　一般来说，我们在设计有大段文字的版面时，例如字典、书籍、杂志内文，多使用宋体或楷体，宋体和楷体相比较，宋体显得庄重，楷体更娟秀。当然，现在的字体样式越来越丰富，很多字库也开发了细黑、纤黑等新样式，作为正文字体也是可以的。

　　但是，在设计黑底白字的时候要注意。在平面设计中，我们所说的黑底白字并不单指黑色上的白色文字，一般泛指在深色底色上的浅色文字，后文说到的黑底白图也是同样道理。宋体由于横笔较细，会出现轻微的阅读不清晰的感觉，如图3-19，所以我们一般不建议在黑底白字时使用宋体。对比一下图中的两种效果，差异虽然微小，但仍然会影响读者的阅读感受，图3-20的楷体字设计就要清晰许多，阅读感受也会舒服一些。

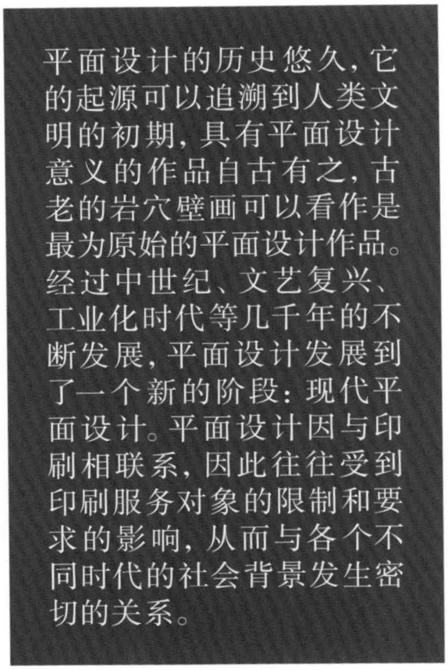

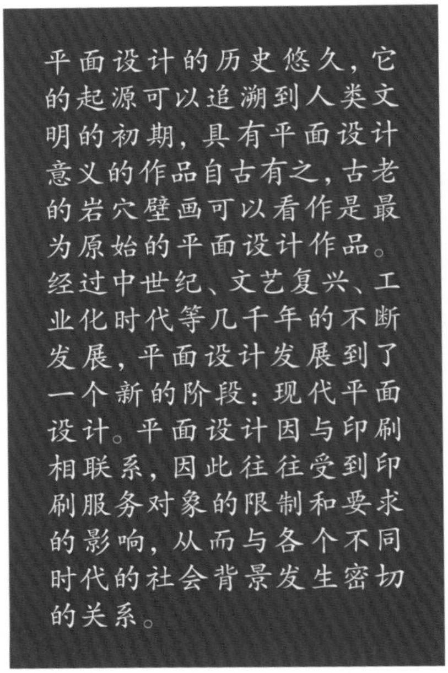

图3-19（左） 宋体正文文字编排在深色背景上，由于笔画太细，使文字清晰度降低
图3-20（右） 楷体正文文字编排在深色背景上，笔画粗细适中，阅读较为舒适

3.1.2　字号

　　文字编排要考虑的第二个因素是字的大小，设计软件中我们称为字号。字号是表示字体大小的术语。计算字号的大小，通常采用号数制、点数制和级数的计算法。点数制是世界上流行的计算字体的标准制度。"点"也称磅（Point）。大多数电脑排版系统，都是用点数制P来计算字号大小的，每一点等于0.35毫米。

　　字的大小比较容易理解，在字体相同的情况下，一般字号越大视觉度越强。但在设计正文的时候，字的大小对设计风格有一定的影响，现代版面设计中正文文字越来越小，可以是5~7点，比以前的9~12点要显得整体、清秀，富有现代气息（图3-21、图3-22）。一般4点以下，字体太小，会影响阅读，同时对通用印刷设备及工艺的要求会很高，如果确有必要使用4点大小的字，用丝网印刷来实现比较保险。但在实际设计实践中，还需要根据阅读群体的需求进行字号大小的选择，不能只追求美感。例如，在设计儿童或老年人为主要阅读人群的版面时，字号就不能太小。设计师就必须在满足阅读者需求的限制下尽量追求设计的完美。

平面设计的历史悠久，它的起源可以追溯到人类文明的初期，具有平面设计意义的作品自古有之，古老的岩穴壁画可以看作是最为原始的平面设计作品。经过中世纪、文艺复兴、工业化时代等几千年的不断发展，平面设计发展到了一个新的阶段：现代平面设计。平面设计因与印刷相联系，因此往往受到印刷服务对象的限制和要求的影响，从而与各个不同时代的社会背景发生密切的关系。欧洲整整半个世纪的探索和试验，在包豪斯学院终于得以完善，形成体系，影响世界，对于平面设计来说，包豪斯所奠定的思想基础和风格基础，也是决定性的，重要的。战后的国际主义平面风格在很大程度上是在包豪斯的基础上发展起来的，本文仅就包豪斯对于平面设计的影响做简单介绍。在平面设计方面，包豪斯为现代平面的观念和风格奠定了基础并对战后形成的国际主义平面风格起到了决定性的作用。在包豪斯教师中，康丁斯基、保罗克利、约翰内斯·依顿和奥尼尔、费宁格、莫霍里-纳吉等著名艺术家和设计师在教学中综合了立体主义、达达主义、风格派、构成主义和超现实主义等各种流派的新观念，把绘画色彩、摄影、材料、印刷工艺等方面的研究成果引入教学和设计中，把在这之前和同一时期欧洲对现代平面设计的探索集中起来发展出具有典型现代特色的新的平面设计风格

平面设计的历史悠久，它的起源可以追溯到人类文明的初期，具有平面设计意义的作品自古有之，古老的岩穴壁画可以看作是最为原始的平面设计作品。经过中世纪、文艺复兴、工业化时代等几千年的不断发展，平面设计发展到了一个新的阶段：现代平面设计。平面设计因与印刷相联系，因此往往受到印刷服务对象的限制和要求的影响，从而与各个不同时代的社会背景发生密切的关系。欧洲整整半个世纪的探索和试验，在包豪斯学院终于得以完善，形

图3-21（左）　字号设置为7点，视觉效果娟秀
图3-22（右）　字号设置为9点，阅读清晰，是较常用的正文字号

3.1.3　行距

第三个影响文字设计效果的因素是字距与行距。不同字距和行距所形成的黑、白、灰效果，视觉的强弱不同，同时影响阅读的连续性、流畅性和方向。图3-23~图3-26有四段内容、字体、大小相同的文字。整体来看，每段文字给我们的视觉感受不同。

图3-23中的文字字间距正常，行距小，从形成的色块关系来看是最整体，视觉度最强的。但阅读舒适度较差，让人不想长时间阅读。

图3-24的文字字间距不变，保持正常，行距变大，受行距的虚空间影响，视觉度和整体性变弱，但阅读最舒适，适合作为较多文字的正文编排。

图3-25的文字字间距变大，行间距缩小，直接影响了我们阅读的方向。因为，中国传统书写方式，是从右至左从上到下的阅读形式。变大的字间距影响了观者对文字连续性的判断，很容易会根据传统书写方式进行阅读。

图3-26的文字，字间距和行间距都变大，文字的连续性被破坏，画面中的文字呈点状分布，视觉的整体性较差，使版面设计比较松散，不统一。

平面设计的历史悠久，它的起源可以追溯到人类文明的初期，具有平面设计意义的作品自古有之，古老的岩穴壁画可以看作是最为原始的平面设计作品。经过中世纪、文艺复兴、工业化时代等几千年的不断发展，平面设计发展到了一个新的阶段：现代平面设计。平面设计因与印刷相联系，因此往往受到印刷服务对象的限制和要求的影响，从而与各个不同时代的社会背景发生密切的关系。

平面设计的历史悠久，它的起源可以追溯到人类文明的初期，具有平面设计意义的作品自古有之，古老的岩穴壁画可以看作是最为原始的平面设计作品。经过中世纪、文艺复兴、工业化时代等几千年的不断发展，平面设计发展到了一个新的阶段：现代平面设计。平面设计因与印刷

平面设计的历史悠久，它的起源可以追溯到人类文明的初期，具有平面设计意义的作品自古有之，古老的岩穴壁画可以看作是最为原始的平面设计作品。经过中世纪、文艺复兴、工业化时代等几千年的不断发展，平面设计发展到了一个新的阶段：现代平面设计。平面设计因与印刷相联系，因此往往受到印刷服务对象的限制和要求的影响，从而与各个不同时代的社会背景发生密切的关系。

平面设计的历史悠久，它的起源可以追溯到人类文明的初期，具有平面设计意义的作品自古有之，古老的岩穴壁画可以看作是最为原始的平面设计作品。经过中世纪、文艺复兴、工业化时代等几千年的不断

图3-23（左上） 行距过小的正文字体，影响阅读舒适度
图3-24（右上） 行距拉开后，从左至右的阅读导向更清晰，阅读体验更流畅
图3-25（左下） 行距小于字间距，会造成观者的阅读方向混乱，影响信息传达
图3-26（右下） 字间距和行距都大，文字显得松散，使观者视线产生跳跃感，阅读不流畅

3.1.4 色彩

文字编排要考虑的第四个因素是文字的色彩。一方面，我们在设计的时候会根据版式设计的整体色调来选择文字的颜色。另一方面，不同颜色的文字和底色的明度对比不同，会产生不同的视觉强弱，同时影响到阅读的舒适度。我们用白底上的不同颜色来对比一下效果。图3-27~图3-30中四段文字的字体、字号、字距均相同，只是颜色不同。

　　图3-27的文字是黑色，和底色的明度对比最强，因此视觉度也最强，阅读很清晰。但长时间阅读强对比的文字会加剧视觉疲劳。

　　图3-28和图3-29的文字的颜色和底色对比适中，阅读比较舒适，长时间阅读不那么容易引起视觉疲劳，因此，《现代汉语词典》《新华字典》等都出版了双色版，以减弱文字与底色的视觉对比度，减轻读者视觉疲劳。

　　图3-30的黄色文字和底色的对比度较弱，已经影响了文字的清晰度，使阅读变得困难。因此，在版式设计中，图文的色彩对比会极大影响读者的阅读体验，是设计时需要重点关注的方面。

> 平面设计的历史悠久，它的起源可以追溯到人类文明的初期，具有平面设计意义的作品自古有之，古老的岩穴壁画可以看作是最为原始的平面设计作品。经过中世纪、文艺复兴、工业化时代等几千年的不断发展，平面设计发展到了一个新的阶段：现代平面设计。平面设计因与印刷相联系，因此往往受到印刷服务对象的限制和要求的影响，从而与各个不同时代的社会背景发生密切的关系。

> 平面设计的历史悠久，它的起源可以追溯到人类文明的初期，具有平面设计意义的作品自古有之，古老的岩穴壁画可以看作是最为原始的平面设计作品。经过中世纪、文艺复兴、工业化时代等几千年的不断发展，平面设计发展到了一个新的阶段：现代平面设计。平面设计因与印刷相联系，因此往往受到印刷服务对象的限制和要求的影响，从而与各个不同时代的社会背景发生密切的关系。

> 平面设计的历史悠久，它的起源可以追溯到人类文明的初期，具有平面设计意义的作品自古有之，古老的岩穴壁画可以看作是最为原始的平面设计作品。经过中世纪、文艺复兴、工业化时代等几千年的不断发展，平面设计发展到了一个新的阶段：现代平面设计。平面设计因与印刷相联系，因此往往受到印刷服务对象的限制和要求的影响，从而与各个不同时代的社会背景发生密切的关系。

> 平面设计的历史悠久，它的起源可以追溯到人类文明的初期，具有平面设计意义的作品自古有之，古老的岩穴壁画可以看作是最为原始的平面设计作品。经过中世纪、文艺复兴、工业化时代等几千年的不断发展，平面设计发展到了一个新的阶段：现代平面设计。平面设计因与印刷相联系，因此往往受到印刷服务对象的限制和要求的影响，从而与各个不同时代的社会背景发生密切的关系。

图3-27（左上）　常规的正文文字颜色，较长阅读时间容易疲劳
图3-28（右上）　图底颜色对比适中，阅读比较舒适
图3-29（左下）　图底颜色对比适中，阅读比较舒适
图3-30（右下）　文字的颜色和底色对比太弱，影响阅读清晰度

通过对以上四个因素的灵活运用，我们就可以在二维的版面空间中营造出具有深度的三维空间效果。具体来说，就是通过文字的大、中、小比例变化，黑、白、灰色度的对比使文字编排产生近、中、远的景别，使三维空间感在二维的版面中得以呈现。一般来说，近景要活跃、突出、高调些，远景则要趋于安静、平和、低调些。这样的版面构成才显得有序，并产生韵律之美。这就是版面设计的层级关系。在一个完整的版面设计中，层级关系是综合运用所有构成元素获得的，现在我们先来讲解文字的层级关系。

> 小贴士
> 大多数情况下正文文字的颜色都设置为黑色，原因是在版式设计中还要考虑其他视觉元素（如图片、标题字等），如果颜色过于多而杂，反而会影响版面的整体效果。

3.2 文字编排的层级关系

3.2.1 文字层级关系的概念

文字的层级关系一般是指版面中利用文字的大小和色度强弱所形成的由主到次、由近及远、由强到弱的视觉关系，也是一种阅读导向和顺序（图3-31、图3-32）。

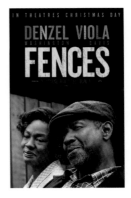

图3-31（左）、图3-32（右）海报中的文字层级／利用文字字体、字号和色彩的变化，形成由强到弱的视觉层次，使图中信息主次分明，引导读者对信息进行分层次阅读。同时，在视觉美感上形成了丰富的空间层次

3.2.2　文字层级关系的编排

对于要呈现的信息来说，所有的视觉传达都有一个层次顺序，即依据信息的重要性来安排它们的阅读顺序。在开始设计之前，设计师必须给信息中的所有要素安排合理的层次顺序，这一过程靠的是知晓并理解信息的内容。在信息内容得到组织之后，设计师就可以理性地用视觉设计来体现和强化这个顺序。

（1）较少文字信息的层级设计

图 3-33 中横幅（Banner）广告的文字设计为两个层级，主标为第一层级，价格为第二层级。

图 3-33　两个层级的文字编排效果简洁醒目又有变化，适合快速阅读

图 3-34 这张横幅广告也是两个层级：主标和正文。

图 3-34　两个层级的文字编排，根据版面风格，文字跳跃度低，显得版面比较安静秀气

图 3-35 是三个层级的横幅广告。第一个层级为优惠价格，是广告的主题；第二个层级也是优惠价格；第三个层级是购买行为引导。

图 3-35　三个层级的文字编排，加强了版面的空间感

　　图 3-36 是一张四个层级的横幅广告。活动主题是第一个层级，活动名称是第二个层级。接下来第三个层级是价格，第四个层级是优惠券及其使用规则。黄色的圆形和其中的"抢"字，我们可以理解为一个文字层级，也可以理解为装饰性图形，因为这个文字信息是用于营造氛围的，不是不可或缺的信息文字。从版面的整体性来看，这张横幅广告大致是四个层级，从局部来看，如果我们分得更细，可以将优惠券及其使用规则根据文字大小再分为三个层级，因为这三排文字又形成了视觉上的强弱关系，由近及远，由强渐弱。

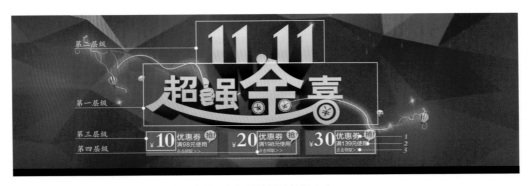

图 3-36　四个层级的文字编排，有更多的视觉细节使版面效果丰富

　　一般来说，包含文字信息越多的版面，文字层级也越多。根据读者的阅读环境和阅读习惯调整文字信息的多少和层级也非常重要。例如前面我们看到的横幅广告中的文字信息都比较简洁，因为横幅广告通常发布在网页的上半部，可以横向滚动，读者不会特别留意，也不会长时间比较专注地阅读，所以，在设计横幅广告的时候，突出、醒目、简洁的文字信息是非常重要的。按照文字的量来看，横幅广告即使不区分层级，读者也可以快速地将文字信息阅读完毕。这个时候，文字层级区分的功能主要有三个：一是吸引观者目光；二是划重点；三是装饰，增加版面的丰富性。

通过对版面中文字信息层级的分析可以使我们理解并掌握如何通过文字要素的设计来丰富和活跃版面，增加设计细节，引导阅读导向，使我们更加娴熟地掌握版式设计的技巧。

（2）较多文字信息的层级设计

接下来我们看文字信息较多，读者较主动、较专注阅读的版面设计中的层级划分。图3-37是一张展览海报，版面中的文字信息被划分为五个层级：左起第一个白框圈出的信息是展览名称，为第一个层级；右边第一行的黄色框圈出的信息是展览时间，为第二个层级；展览地点及开放时间（第二行的黄色框）是第三个层级；参展单位及人员信息（第三行黄色框）是第四个层级；右下角白框圈出的信息——主办单位，为第五个层级。

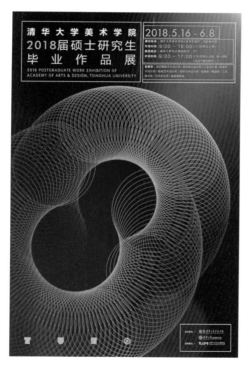

图3-37　展览海报（版面中文字上的框线为笔者添加）

较多的文字信息需要利用文字的大小和强弱来区分信息的主次，但这样会增加版面的复杂度，层级过多的文字控制不好也会造成比较混乱的局面，因此，组合就变得必不可少，借助图3-37的海报，我们再来分析一下它的组合关系。作者有意识地将黄色框中的三个层级信息组合在一起，形成一个整体，因而在视觉上使得海报在整体上只有三个层级（白色框圈出的范围），而在第二个层级中又根据信息的主次关系分为三个层级，这就使版面在保持整体性的情况下增加了更多细节。

图3-38中同样通过信息的组合来保持画面的整体和增加版面设计细节,从左至右的三个黄色框为三个层级,在左边的黄框中又分为两个层级,右下的黄框中也有两个层级。

图 3-38　展览海报(版面中文字上的框线为笔者添加)

图3-39中的层级关系更为复杂。请自己分析一下这些复杂的文字信息,作者是通过什么设计方法使其整体有序的。

图 3-39　展览海报 / 更复杂的多层级文字编排版面

3.3　文字的跳跃率

3.3.1　文字跳跃率的概念

　　在一个版面中，以正文文字为基准，版面中最大标题文字的大小和正文文字大小之间的比率叫作文字的跳跃率。文字的跳跃率也可以理解为文字的强视觉度。在实际的应用中，最大标题文字的大小是一个版面中文字跳跃率的决定因素。因为并非所有的版面都一定有正文文字要素。图3-40是一个以文字为主要元素的版面设计，巨大、笔画饱满的标题文字形成画面的主体，具有很强的视觉冲击力。

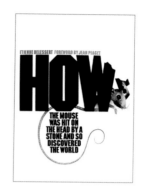

图3-40　以文字为主要元素的版面设计

3.3.2　低跳跃率版面

　　通常情况下，版面中最大文字和最小文字之间的比率较小，较为柔和的版面，我们称之为低跳跃率版面。低跳跃率的文字编排可以给人平静沉着、稳定舒缓、格调高雅之感（图3-41、图3-42）。

图3-41　中国画报出版社的书籍封面设计／书名和其他信息文字之间的大小对比很柔和，结合大面积留白的设计效果和细小精致的图形，整个版面显得安静沉着而放松

图3-42（左）、图3-43（右）也是低跳跃率的文字编排／图3-42以墙的转折线为文字编排的轴线，图3-43以瓷瓶底座的延伸线为文字编排的轴线，再配合精致的静物主体，文字成为远景，版面效果华丽而不失精致，静谧又富有生机，给人以格调高雅之感

低跳跃率的版面设计一般适合运用在图文并茂，印刷精致，需要较专注、长时间阅读的信息载体上。例如：杂志、企业宣传画册等。但要注意，当文字内容较多的时候，低跳跃率的版面也可能给人以沉闷、呆板的感觉。

3.3.3　高跳跃率版面

高跳跃率版面通常指画面中最大文字的视觉度较强，和其他文字信息对比强烈的版面。高跳跃率的文字编排可以给人充满活力、动感有吸引力、视觉冲击强烈的感受（图3-44、图3-45）。

图3-44（左）　书籍封面设计／书名几乎占了半个版面，在整体黑灰色调的图形背景上，红、白两色的标题文字显得更加醒目，具有强烈的视觉冲击力

图3-45（右）　学生作品／2016级王媛婷／使用倾斜构成编排，强化动感；轴线清晰强烈，使秩序感得以保持

高跳跃率版面适合的设计项目一般有两种，一是适用于快速传递简单明了的信息的版面，如横幅广告、户外广告，商业海报等，读者不会花太多心思专注阅读，需要抢眼、快速传递信息；另一种是适合用于需要瞬时吸引观者眼球，再进一步引起阅读兴趣的版面，如文化海报、书籍和杂志封面、单页或折页宣传单等（图3-46、图3-47）。

图3-46（左）　杂志封面设计／一个高文字跳跃率的版面，较大的、醒目的杂志名称可吸引读者的注意力，使该杂志从其他杂志中脱颖而出，再由较小的正文提示主要内容，留出更多的虚空间让版面风格大气而纯粹。椅子左侧和文字对齐线形成的轴列强化了版面的秩序感

图3-47（右）　广告设计／高文字跳跃率的版面／文字内容较多，设计师通过几个主要内容的层级变化，引导读者阅读信息，把版面的近、中、远空间感营造得非常有序，版面的层级关系非常清晰，使画面生动、活跃，一点儿没有沉闷、乏味的感觉，使版面充满设计感

　　要注意，当文字较多时，高跳跃率的文字设计控制不好也会给人以嘈杂、混乱、俗气的感觉。所以，当版面设计中文字较多时，为了避免低跳跃率的沉闷和高跳跃率的嘈杂，我们可以通过设计文字跳跃的层级关系来使大标题与正文之间的对比变得协调，就像音乐中高低音的过渡，色彩中的渐变调和一样（图3-48）。

图3-48　海报设计 / 文字较多的低跳跃率版面，设计师也是通过主标题字设计、二级标题、正文以及版面左下角的附属信息文字形成清晰的层级关系，使画面保持了秩序感和生动的效果

　　我们再来对比两张分别是高跳跃率版面和低跳跃率版面的电影海报设计，分析一下设计师如何通过文字层级关系的调和，控制版面并达到和影片风格、内涵的统一（图3-49、图3-50）。

图3-49（左）纪录片海报 / 高文字跳跃率的版面，片名组合成一个完整的样式，和正文文字、信息文字形成强烈的大小对比，从而增加了标题文字的视觉冲击力和海报的动感。标题中"年"字的竖笔指向主要图形并引导观者的视线向下移动，正文和信息文字在层级上弱于标题，加强了画面的空间感

图3-50（右）纪录片海报 / 中英文组合的标题文字和信息文字之间的对比较小，使版面显得安静、平实，符合纪录片本身的内涵和视觉风格

3.4　版面率

　　前面的图例中，有文字较多、版面饱满的，也有文字较少、版面比较空灵的，他们分别给读者以不同的阅读感受。接下来，我们来了解一下版面的版面率如何影响版式设计的风格和视觉效果。

3.4.1　版面率的概念

通常情况下，版面率是指版面的版心（请参考第1章）和页面的面积比率。版面率大多数在设计之初就已经确定，特别是多页文档，例如杂志、书籍、画册等，为了保持整体的统一性，版心的大小是需要统一的。一般版面率较大的版面显得饱满大气、信息丰富；版面率较小的版面显得秀气、精致。

在实际设计过程中，版面率的概念有所不同，需要结合设计留白来理解，因此，设计应用中，版面率我们通常理解为在一个版面中有效利用的空间和虚空间（请参考第2章）之间的比率。但要注意，设计中所指的有效利用的空间和虚空间，虽然泛指有图文的实景区域和无图文的空白区域，也就是形式法则中的图底关系，但它并不像几何中的面积对比那样绝对。设计活动是一个理性和感性相结合的行为过程，我们不能教条地去理解和应用理论知识，一定要结合实际情况灵活运用。

如图3-51，从版心和页面面积对比来看，几乎是一个100%版面率的满版设计；从图底关系看，整个版面几乎没有空白，是一个满底满图的设计；但是，从有效利用的空间和虚空间的关系看，作为远景的天空实际上充当了背景功能，应当理解为留白的虚空间，结合图中文字图形的比率实际上是一个偏低版面率的设计。所以，在实际运用中，我们要根据图形的内容和形式来判定它在版式设计中的功能是更趋向于图，还是更趋向于底，再来规划版面率。

图3-51　按照图文面积来看，它显然是一个高版面率的设计，但实际上给观者的视觉感受更倾向于低版面率版面，它具备空灵、平和、舒缓的风格特点。原因就在于，这张主图是一张远景，远景在版面设计中更趋向于背景的功能

3.4.2　低版面率版面

通常情况下，低版面率的版式编排可以给人以大气、空灵、诗意、静谧、有品位、格调高雅之感。可以提高传达内容的档次，使观者阅读轻松（图3-52~图3-55）。

图3-52　一张设计公司宣传册的内页 / 版面设计使用了诸多传统元素：门扣、繁体汉字、文字拓片、墨痕，但整体设计并不显得非常传统，反而呈现出传统元素经过现代转换后的时尚感，其原因就是设计师综合运用了很多编排技巧，例如：最大的标题字用繁体，但字体选用较现代的无饰等线体；次大的公司名称用拓片的表现手法，文字的组合方式规整、精致，装饰性强；然后采用低版面率的空间层次对比，体现空灵、整洁的视觉风格。通过对这些设计细节的把控，使设计风格超越了传统的形式而具有强烈的现代气息，传统与现代在版面中交相辉映，相辅相成

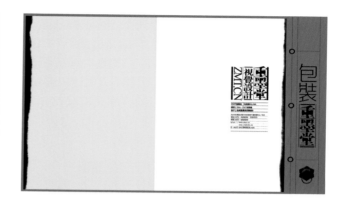

图3-53（左）　一张低版面率的版式设计，图中大面积的留白，给人以思考的空间，理想蓝和浅灰色的色彩搭配，在一个高明度的色调中，既充满理性又具有诗意，使画面简洁、有力，呈现出品位高雅的知性风格
图3-54（右）　低版面率版面效果，左侧的图形和右下角的文字之间是大面积留白，设计师通过增加留白区域的光影效果和肌理质感，增加视觉细节，使版面风格柔和静谧，温情脉脉

图3-55　楼盘宣传册对开内页 / 这张作品具有中、远景性质的图形效果，低跳跃率的文字编排使画面平静而舒缓，标题文字的设计是一个点睛之笔，标题文字的设计方法本章后面再详细介绍

　　相对来说，中等版面率的版面设计更容易控制，也更常用，图文大致占据版面 50%~70%的空间，更容易得到比较饱满的画面，这个时候版面率的大小对版式风格 的影响较小，图形的风格、文字编排的跳跃率和层级关系成为版式风格的决定性因 素。图3-55、图3-56和图3-57均是中等版面率的设计效果，但我们可以很明显地 感觉到图3-55背景的中式山水画卷和图3-56背景的欧式田园风格之间的差异。而 图3-57差异更大，前面两图的版面风格虽文化差异较大，但情感都是平静而舒缓。 图3-57的设计作品就充满了生机和活力。图形风格的跳跃和强视觉对比、文字编排 的高跳跃率都使这个版面热情洋溢。

图3-56（左）　楼盘宣传册对开内页／中等版面率的设计，文字编排跳跃率低、层级丰富。恬淡温和的视觉 效果跃然纸面
图3-57（右）　画册内页设计，跳跃的文字层级，热情洋溢的色彩搭配，活跃而有张力的图形设计，都使版 面效果充满活力

　　在多页文档的版式设计中，将左右两个版面整体考虑是很有必要的，整体考虑 左右两个版面并不等于一定要做成跨页，而是在内容上和视觉效果上让它们形成对 比或呼应，使读者阅读更加流畅（图3-58、图3-59）。一般来说，我们会有目的地 使左右两个版面的版面率形成对比，一高一低、一紧一松、疏密对比、错落有致。

图3-58（左）　右页饱满而左页故意留白，中性灰和右页的绚丽色彩形成对比，显得理性、庄重而大气
图3-59（右）　右页是出血版的满版图，具有较强的视觉冲击力；左页用低跳跃率的文字编排，形成平和的 视觉效果，使版面可以透气。所谓透气，就是让读者的视觉和心情能够得到暂时的放松和舒缓。这就像我 们听故事或看电影，长时间阅读会让观者情绪紧张、精神集中，但也容易感到疲累，这就需要讲故事的人 把握好节奏

　　小贴士
　　在设计中，所有的规则、设计方法和原则都只是一种参考，特例是时常会有的， 作为初学者，我们要充分掌握前人总结的设计方法和原则，而后根据设计项目 的内容和特点不拘一格地去寻找最有力的表达形式和风格。设计中没有绝对的 对或错，设计的目的就是解决问题。

3.4.3　高版面率版面

　　高版面率的版式编排具有信息量大的特点，可以给人充满活力、丰富、有亲和力、视觉冲击强烈的感受。信息较多的海报、杂志内页、单页广告等会用到高版面率版面设计（图3-60~图3-63）。

　　高版面率版面设计控制不好也会给人拥挤、嘈杂、无序、混乱等负面的视觉感受。因此，在进行高版面率版面设计时，一般多应用网格约束进行编排，将视觉元素成组放置在规制好的网格空间中，使其秩序井然。

图3-60　时尚杂志内页版式编排 /
设计师：lovelyearn / 版面率几乎超过90%，内容丰富但并不显得杂乱，原因就是设计师采用了网格约束，分栏编排使版面秩序得以控制

　　小贴士

　　严谨的网格约束也可能使版面显得呆板，缺乏变化。我们可以在局部故意打破这种约束，来增加版面的变化，提升版面的活跃度。网格编排的内容请参考本书第2章内容。

图3-61　时尚杂志内页版式编排 /
设计师：lovelyearn / 设计师在使用网格约束、分栏编排时通过梯形轮廓的图形处理，突破严谨的网格约束，增加了版式设计的变化和活力

图3-62（左） 地产广告 / 设计师：子峻DesiGn / 使用高版面率的设计，增加了版面效果的视觉冲击力和美感，可提升观者阅读兴趣

图3-63（右） 地产广告 / 设计师：Joanna彭 / 较多的文字内容放置在天空云层之上，既不影响图形主体又增加了版面使用效率

小贴士

高版面率的版式效果在单页广告或者杂志内页编排设计中比较多见，大多数高版面率的版面同时会选择高图版率的设计方法（图版率这个知识点请参见本书第4章），以激发读者的阅读兴趣和减少大量文字阅读的乏味。同时，高版面率的版式设计在选择图片时也应尽量选择具有天空、海面、云层、树林等中远景的自然风景，以调和高版面率的图文对比，使观者有一个更舒适的阅读感受。

当一个版面中的文字内容很多，无法通过增加图片，加大图版率进行调节时，我们就要通过提高文字的跳跃率，或者增加文字的层级关系来调和版面，使版面效果既清晰，又比较生动，有活力（图3-64）。针对文字较多的正文编排也有一些方法可以运用，该知识点请参见本章后面的内容。

图3-64 杂志内页设计 / 设计师通过分栏编排保持了版面的秩序感，在左页的中间一栏改变了文字编排方向形成变化；右页标题文字的组合样式和刻意留出的虚空间增加了版面节奏，从标题文字到二级标题再到正文中的加粗字体和正常字体，通过低跳跃率但又多达四个层级的文字编排，使版面既安静又有变化，形成了阅读的主次导向并增强了舒适度

3.5　标题文字设计

在一个版面中标题文字往往是传递信息的主要因素，也是视觉吸引的有效因素。标题字设计的目的是强调、引起注意和美化版面。好的标题字设计可以吸引读者的注意力，引起阅读兴趣，也可以增强版面的活力和美感。归纳起来，常见的标题字设计方法有五种。

3.5.1　巨幅标题

第一种是设计巨幅标题，就是放大标题字，使其在版面中占据绝对面积（图3-65~图3-68）。巨幅标题设计具有视觉冲击力强，比较容易操作等优点。巨大、面积占版面绝对优势就是它吸引观者目光的决定性因素。

图3-65（左）　影视海报／通过巨大的标题文字引导阅读流程，强化图形纵深，同时图形纵深也强化文字阅读导向，两者相互强调，对主题表达更加深入，使人印象深刻

图3-66（右）　文化海报／图文结合设计的巨幅标题成为海报的视觉中心，在彰显主题的同时增强视觉冲击力

图3-67（左） 文化海报 / 展览名称设计为巨幅文字，增加了海报的文化意味
图3-68（右） 杂志内页中专栏引导页 / 整个页面基本只有文字和底色，但通过文字组合和层级关系的调和，版面并不单调

—— 小贴士 ——
巨幅标题在设计时要当得起这个"巨"字，所以，文字巨大是其主要特点，在版面中要呈现出压倒性的绝对比例。巨幅标题字的设计一般适合正文文字、图片都不太多的版面。如果设计时，可使用的图片效果不是很好，我们也可以用这种突出标题字、弱化图片的设计方法进行弥补。

巨幅标题字在设计时也要注意占版面面积过大可能造成的单调、缺乏细节的效果。可以通过增加文字肌理效果（图3-65）；设计标题字字形的立体化效果（如图3-66）；中英文或大小比例文字组合（图3-67、图3-68）；将图片置入文字轮廓等方法增加其细节，以增加版面效果的丰富性。

3.5.2　添加边框、花边、底色进行强调

第二种设计方法是将标题文字标签化。就是采用给标题字添加边框、花边、底色等方法对标题文字进行强调。这种设计方法的适用面很广泛，无论标题文字的大小、版面率的高低、版面设计风格如何，都可以使用（图3-69~图3-71）。

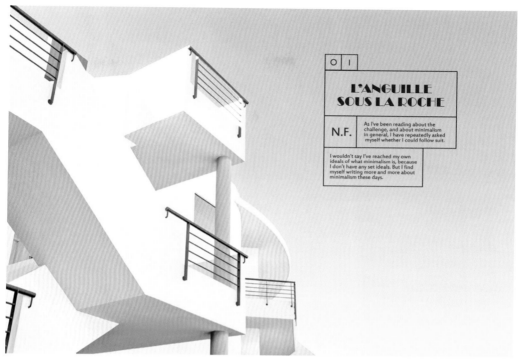

图3-69（上）　低文字跳跃率的版面／用添加边框的手法使标题字、正文文字均成为版面的视觉中心
图3-70（左下）　楼盘宣传册内页／仅仅添加了一个简洁的矩形框，就使标题文字从画面中突显出来，形成视觉吸引
图3-71（右下）　影视海报／片名标题字所添加的边框线，使标题文字能够从深色的背景中跳脱出来，并起到强调的作用。色彩和主图色调呼应，使画面和谐统一

　　添加底色的方法可以使标题文字的字体选择更多样化，前面我们讲解过，作为大标题，在字体的选择上应尽量使用笔画较粗，能够形成整体色块的字体样式。但这样，对版面风格的统一就有一定的局限，较柔和的版面使用粗体字就不太容易让风格统一。如果使用添加底色的设计方法，就可以弥补细笔画字体的这个不足，使版面设计更灵活（图3-72~图3-74）。同时，添加边框或底色也可以有装饰和美化版面的作用。

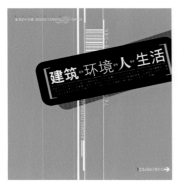  

图3-72（左） 楼盘宣传册内页 / 在文字下添加黑色标签的样式使其从背景中突显出来。同时，为了调和橙黄底色和黑色标签之间的强对比，将细节文字设置为橙黄色与底色呼应，也使标题与底色之间产生过渡

图3-73（中） 杂志设计 / 添加一个半透明的底色，使底图和标签相互融合，这种手法比较容易调和版面

图3-74（右） 杂志设计 / 标题文字添加玫红色底色，和图中的玫红色呼应，再通过文字层级调和，使标题字强烈的视觉效果并不突兀

小贴士

添加底色是将标题字标签化处理中视觉效果最强的一种。在设计的时候，还要注意兼顾底色的形状和样式。过渡视觉元素的调和，色彩呼应，或者添加半透明底色等都是聪明好用的办法。

3.5.3　添加图形增强视觉吸引力

第三种方法是给标题文字添加图形。就是在标题字上添加图形元素，可以是和文字内容相关的带有提示性的具象图形，也可以是没有明确含义的抽象图形。

给标题文字添加图形有两个功能。第一个功能是对于大标题而言，视觉吸引力已经足够，添加图形主要是增加文字的美感和趣味性（图3-75~图3-77）。

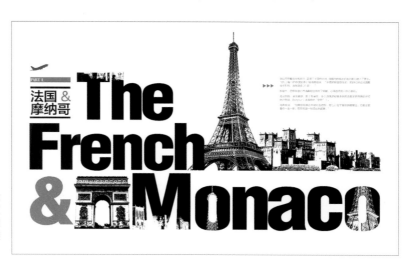

图3-75　杂志内页设计 / 足够大的标题文字，通过添加图形增加了版面的趣味性，并突出主题城市

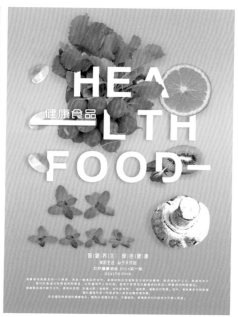

图3-76（左）地产广告 /
缠绕在标题字上的藤蔓增
加了视觉细节和美感，同
时将"生长"的广告关键词
传达得很准确

图3-77（右）杂志设计 /
生机盎然的水果蔬菜图准
确传达出健康食物的主题

　　第二个功能是对于低跳跃率的标题文字而言，添加图形的主要功能是强调，增加视觉吸引力（图3-78、图3-79）。

图3-78（左）展览海报 /
低跳跃率的版面设计，安静、
平和，在展览主题文字上添
加动物剪影增强了标题字的
视觉度和视觉导引，使版面
清晰，主题彰显

图3-79（右）杂志设计 /
将引号进行夸张并使之图形
化，搭配色彩变化的文字，
使版面中的标题文字既丰富
醒目又不显得喧闹

小贴士
给标题字添加图形的设计方法在实际运用中往往要和其他设计方法一起使
用，例如添加图形和字形特效，添加图形和文字组合等。所以，设计方法一
定要在设计实践中灵活运用，不可死记硬背。

3.5.4　文字组合

　　第四种设计方法是将文字中的中文、英文、拼音等进行组合编排，通过大小、强弱对比，形成具有层级关系和空间层次的新样式（图3-80、图3-81）。这种设计方法在版式设计中应用得相当广泛，单页海报、书籍封面、杂志设计、企业宣传册、展板设计等信息载体，都适合使用这种设计方法。

图3-80（左）　书籍封面设计／通过中英文组合形成新的样式，在具有强烈视觉冲击力的同时又不乏细节

图3-81（右）　商业海报设计／版面中主要文字信息组合为一个整体样式，形成大小、强弱的层级关系，使海报具有丰富的视觉细节。将文字进行透视处理，进一步增加了版面的空间纵深，能够较长时间地吸引观者的目光

　　组合编排的设计方法应用在杂志内页的时候，其新颖的形式，丰富的视觉细节，不仅能突出主题，也能为文字较多的版面增添一些阅读的趣味，提升整个版面的视觉效果（图3-82~图3-85）。

图3-82　杂志内页设计／利用不同大小的文字组合形成具有层级关系的新标题样式，在极为简洁的版面风格中形成视觉重点，突出主要信息，也引导观者的阅读流程

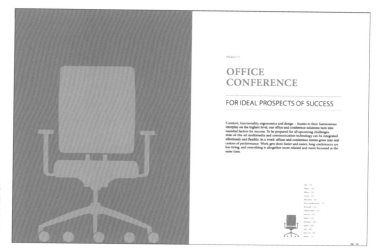

图3-83　杂志内页设计 / 标题文字组合整体统一，增加了层级和色彩的变化，视觉效果更丰富，三角形的几何图形起到视觉导引的作用

小贴士
一般来说，文字组合编排时要特别注意编排之后的新样式的整体性。具体来说要注意两点：一是新样式外轮廓的气韵流畅，这并非指一定要把外轮廓做成一个封闭的整体，而是有笔断气不断的效果；二是内部虚空间不能太大，否则，很难形成一个统一的整体，相应的视觉冲击力会减弱，也容易导致松散的版式效果。

图3-84（左）影视海报设计 / 标题字组合的外轮廓几乎是一个矩形，虽然第二行的白色英文字要短一些，但并不影响整体性，反而增加了视觉变化

图3-85（右）地产广告设计 / 标题字组合并无一个封闭的外轮廓，但视觉度最强的三行文字在气韵上显得连续，因此整体效果仍然是统一的

3.5.5　字形特效（文字图形化）

第五种方法是用字体设计的方法设计一个独特的字体样式。字体设计变化多样，我们可以通过设计软件对字形进行编辑来得到新的样式，也可以通过一些写实的手法，如摄影的手段等来设计独特的字形效果（图3-86~图3-88）。

图3-86（左） 将文字和具象的植物藤蔓结合，具有很强的装饰性
图3-87（中） 将文字限定在一个较为完整的轮廓中，使文字与文字之间相互咬合，减少字间距产生的虚空间，使文字变成一个整体的图形
图3-88（右） 通过摄影的方法设计写实拼接的文字效果，但对于较复杂的汉字来说有些困难

　　字体设计其实是一门独立的课程，是视觉传达设计专业一门非常重要的必修课，也是该专业的版式设计课程开设之前的先修课程。本书以案例的方式回顾一二，以便大家更好地理解在版式设计中通过字形特效的标题字设计方法可以有效地增强版式设计的吸引力和视觉效果（图3-89~图3-92）。

图3-89（左） 影视海报设计／将文字设计成金属质感，色调与海报协调一致，海报画面和风格的科幻色彩准确传达了影片的内涵
图3-90（右） 影视海报设计／立体化的文字特效增加了设计细节，金属质感和画面中的光感遥相呼应，深色背景和光的对比营造出一种神秘的魔幻效果

图3-91（左）　影视海报设计／通过字形的局部变化增加设计细节，并在色彩明度上形成第一个视觉层级来增强标题字的视觉度

图3-92（右）　影视海报设计／综合运用了文字连笔、局部变化、中英文组合、电脑字形特效等多种设计方法

　　近年来，随着文化复兴，传统艺术中的书法也在设计中焕发出迷人的光彩。将书法字体效果应用在设计中的优秀案例层出不穷（图3-93、图3-94）。应用书法的标题文字可根据设计项目的文化内涵和风格独立创作独特的字形效果，或刚劲，或婉转，或雅致，或洒脱，可以给观者带来很好的视觉享受。

图3-93（左）　影视海报设计／标题字洒脱奔放，并和放映时间等文字组合成完整的样式，既符合影片的风格又增加了视觉细节

图3-94（右）　文化海报设计／边角和中心式构图，书法文字跳脱而雅致，充满韵律感并形成较强的视觉吸引，传递出温暖、柔和、细腻的情感色彩

　　一般来说，字体设计的方法在版式设计中多应用在包装、海报、杂志封面、宣传册封面等需要高视觉强度的版式设计类型中。

　　标题文字图形化设计在实际应用中要注意两点，一是文字的识别性，在考虑文字视觉效果的同时不能舍弃掉文字的识别性，易读易认是标题文字传达信息的核心；二是将设计文字图形化时同样要考虑到标题文字的整体性，即外轮廓的气韵流畅（图3-95、图3-96）。

图3-95（左）　标题文字的字形相互咬合，补上了虚空间，使标题字外轮廓类似椭圆形，组合的英文文字因视觉层级弱化不影响字形轮廓
图3-96（右）　"之"字的捺笔上挑，减小和"崖"字之间的虚空间，补足空隙使轮廓完整

　　标题字设计的方法也可以综合应用，并不是非此即彼的关系，通过综合运用各种设计方法，可以使标题字更富于变化，具有更丰富的视觉层次（图3-97、图3-98）。我们在学习设计方法的过程中，一定要建立一种观念：法无定法，式无定式。因时利导，兆于变化。这就好比我们学习武功，一招一式需要我们融会贯通，在对战的时候，要根据对方的出招和暴露的问题去使用相应的必杀技。就设计而言，就是要根据项目需求解决实际的问题。

图3-97（左）　影视海报设计／标题文字主体部分几乎呈矩形，得到面化的视觉效果，加上和英文的组合，形成视觉层次
图3-98（右）　影视海报设计／中文标题留出放置英文文字的空间，增加视觉层级，丰富视觉细节

3.6　正文设计

　　在一个版面中，正文文字的作用主要是传达更具体的信息，正文文字在版式设计中作为视觉构成元素，其主要的作用是提供黑白灰的变化，增加版面的视觉层次，使读者获得丰富的视觉美感和清晰而舒适的阅读感受。这里所指的正文是指除了版面中最大标题字之外的信息文字，根据版式设计内容的不同可能会包含多个次级的小标题、引言、小贴士、图例说明等。有的时候，通过正文的编排设计，也可以提升版面的趣味性，增加版面的视觉细节。版面设计中正文编排常见的有六种设计方法。

3.6.1　添加边框、底色进行强调

　　添加边框、底色等附加视觉元素进行强调的编排形式主要有四个功能。第一个功能是在图形充满整个版面时，添加边框或者底色来突出文字，增加文字的清晰度（图3-99、图3-100）。

图3-99　图形充满整个版面，通过添加底色标签使正文文字突出，也提高了阅读清晰度

图3-100　杂志内页设计 / 设计师添加一个半透明矩形作为正文文字的底色。因为图形的色彩包含深浅不同的过渡，如果没有底色，文字放在图上无论是用深色还是浅色都很难保证所有文字能和背景形成反差，保证阅读清晰。在这张图中，如果用实色作为文字底色又会破坏版面中图形效果的整体性，所以设计用用了半透明的白色，这样就调和了图片和文字底色，使整个版面比较统一

第二个功能是表强调以突出内容。这种方法多应用于版面中正文文字具有不同层级关系时（图3-101~图3-103）。例如：有引言或者其他阅读导引。

图3-101（上） 杂志内页设计 / 左页添加半透明底色的功能是增加文字的清晰度，右页添加灰色底色的功能是区分文字层级

图3-102（左下） 杂志设计 / 引言添加了绿色的底色，以强调和区分文字层级关系，引导观者阅读

图3-103（右下） 杂志设计 / 给产品信息添加灰色底色用以强调，视觉上增加强弱的层级关系，活跃版面，同时又起到导购的作用

第三个功能是对正文的并列内容进行有序的划分和强调。当版面中图形及文字信息较多且内容之间又是并列关系时，可以通过这种方法梳理出并列关系，使版面内容有序而不杂乱，起到视觉导引的作用（图3-104~图3-106）。

图3-104（左）　杂志内页设计 / 版面中内容较多，而且分为并列的几个板块，设计师用一致的底色、边框视觉元素对内容进行规划，使读者阅读轻松，理解内容变得有序而整体，同时具有装饰、活跃版面的效果

图3-105（右）　宣传册内页设计 / 通过在次级标题下添加绿色色条来归纳信息，得到整体、有序的版面效果

图3-106　杂志内页设计 / 通过添加边框来规划并列的旅游目的地，并装饰版面使其更具亲和力

第四个功能是装饰和分隔版面。我们在进行版面设计时都有一个分栏或是网格的编排框架，大多数时候这些框架是隐形的，但有时候可以将这些框架实质化处理，也会得到很特别的装饰效果（图3-107、图3-108）。

图3-107（上）、图3-108（下）
宣传册内页设计 / 将正文的底色划分为面积、比例不同的色块，就好像蒙德里安的抽象画，营造具有独特装饰性的版面效果

3.6.2　文字绕图

文字绕图就是使文字编排围绕在图片周围形成一个与图片外轮廓线相近的文本框，文字绕图在正文编排中非常常见，它可以使版面中的图片和文字更加融合（图3-109~图3-111）。最常规的文字绕图是文字围绕方形图片，也可以是外轮廓为圆弧、三角形等的规则图片。也有文字绕图的对象是挖版图片，或者不规则的偶然形。

图 3-109（上）　杂志内页设计 / 设计师：王思婕 / 大面积的文字中间围绕的图片增加了版面的图版率，提升了版面活力

图 3-110（下）　杂志内页设计 / 设计师：张玉伟 / 文字绕着图片边缘形成一个相似轮廓，互相咬合的文本外框线，既保持了版面的秩序感又活跃了版面效果

小贴士

当正文文字围绕的图形轮廓比较规则的时候，要注意文字轮廓的气韵流畅，通过文字的连续编排来得到一个和图片轮廓呼应的文本框。如果文字轮廓不连续，会破坏文字绕图的视觉美感。

图3-111　杂志设计 / 设计师：甜小橙 / 左页斜线绕图比较连续，右页下方弧形绕图因文字不够多使得连续性不够。整体是比较生动有设计感的版面，细节可以更好

　　文字绕图的图形若是挖版图片或外轮廓不规则的偶然形则更能增加版面的趣味性和图文的融合度。文字绕图的连续性要求没有规则图形那么高，但我们可以通过图例看到不规则外轮廓的文字绕图、文字外框的气韵流畅仍然使版面的文字编排更加整体（图3-112~图3-115）。

图3-112　报纸版面设计 / 图形左侧边缘曲线流畅，文字围绕图形编排，图形右边缘轮廓比较复杂，文字按照基本平行的斜线进行编排，使文字编排整体有序

图 3-113（左）　报纸版面设计 / 文字编排的轮廓保持与图片外轮廓基本等距且连续

图 3-114（右）　报纸版面设计 / 图片内侧与外侧的文字均保持与图片等距的连续轮廓，版面生动且有序

图 3-115　杂志设计 / 右页大面积的黑色文字围绕黄色文字编排，使文字编排富于变化，同时将被围绕的黄色文字突显出来

小贴士

文字绕图的方法也可以将围绕的图片对象更换为文字，也可以增加版面文字编排的变化，使其产生丰富的视觉效果。

3.6.3　添加文字封套

　　添加文字封套的意思就是让文字在一个限定的形状中编排，使文字形状能够传达版面内容的含义，以增加趣味性。给正文文字添加的封套形状一般都和设计主题内容相关。

在应用添加文字封套效果的时候，一般我们不会在画面中保留封套图形的轮廓线，而是直接用文字编排形成图形，所以，要特别注意文字所形成的图形轮廓的连续性，使封套图形的形状完整，具有视觉美感，否则，文字编排的图形效果不明显，反而会使版面松散，凌乱（图3-116~图3-121）。

图3-116（左） 楼盘宣传册内页设计／将文字编排成一个俯视的鸳鸯锅，边缘是标题，正文添加在封套中

图3-117（右） 杂志设计／倒梯形的文字封套使文字编排和乐谱图形融合

小贴士

在很多设计软件中都有给文字添加封套的功能，大家可以尝试用一下。在具体操作时，可以通过增加或紧缩字间距使每一行文字边缘尽量贴合封套边缘线，使文字轮廓连续。

图3-118（左） 杂志设计／文字用鱼形封套编排，贴合主题

图3-119（右） 广告设计／添加封套的文字编排增加了版面的设计感

图3-120（左）　杂志设计／添加封套的文字和加粗强调的标题文字组合成一个完整的灯泡图形，增加了版面的美感和趣味性。中间又添加一个文字绕图的编排，使文字编排充满丰富的细节

图3-121（右）　杂志设计／版面左侧文字用添加封套的方法编排成可乐瓶，右侧文字使用了文字绕图的编排手法，整个版面文字很多，但并不显得单调和乏味

3.6.4　以图为底

所谓以图为底，是指充分利用图形本身的形状和底色，将正文文字编排在图形中（图3-122~图3-126）。以图为底的正文编排方法有三个优点：一是能够使版面中的图文融合非常自然；二是可以保持近乎100%的高图版率，使版面视觉效果突出；三是可以在不增加版面面积，同时保持高图版率的情况下，增加版面的信息容量。因此，以图为底的文字编排方法应用非常普遍，特别是在海报、杂志、书籍封面等设计中。通常情况下，单图出血版的版面中均应用了以图为底的文字编排方法。

图3-122　杂志设计／设计师：李春锐／单图出血版，视觉饱满有吸引力，文字添加于水面，完全融合在图中不显得突兀

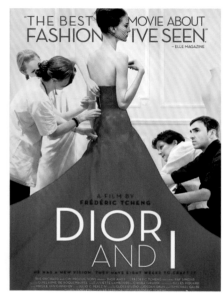

图3-123（左） 杂志内页广告 / 大面积的红裙是吸引观众视线的主力，以图为底编排的文字因用色彩进行视觉导引而显得突出

图3-124（右） 报纸广告 / 大面积海滩的图形给观者带来沉浸式感受，文字结合圆形封套以餐盘的形式融合在图中

图3-125（左） 杂志设计 / 左页头发为底的黑底白字和右页白底黑字形成对比，使版面具有强弱变化的视觉节奏

图3-126（右） 杂志设计 / 高图版率，如果缩小图形留出文字编排的空间，势必减弱版面的视觉度和整体性，设计师将正文文字编排在图中人物的背部，完美地解决了这个问题

　　但有时，设计师也会刻意使用以图为底的编排方法来实现自己的设计意图，如增加版面的趣味性，贴合主题，提升版面艺术性和设计感等（图3-127~图3-131）。

图 3-127（左）　设计师充分应用图底关系将图文完美结合，版面很有设计感

图 3-128（右）商业海报 / 教师节定制海报，将底图设计为黑板，文字信息和图中的公式自然融合，犹如写在黑板上一样，整体统一的同时增强了版面的趣味性和新奇感

图 3-129（左）　报纸版面设计 / 文字编排的图底使版面显得活泼生动

图 3-130（右）　报纸版面设计 / 设计师刻意将红毯进行延伸作为文字编排的图底，使满版文字富于变化，产生视觉节奏

图3-131　画册内页设计／矢量图形的添加增加了满版文字的活力和版面的趣味性，使版面既简洁又不显得单调

> **小贴士**
> 在文字较多，但没有合适的图片元素的版面设计中，给版面添加底色或者根据内容设计矢量图形是一个很好的提高图版率，使版面视觉丰富的方法。

3.6.5　分栏编排

将较多的正文文字分栏编排的主要作用是让版面设计整体有序，阅读舒适，具体请参阅本书第2章网格编排的内容。

3.6.6　首字强调

首字强调是将文段首字放大突出的一种文字编排方法。为了使整段文字的文本框更加整体，一般多用首字下沉，使放大后的文字能与其他正文文字顶端对齐。首字突出，往往是长篇内文的"兴奋剂"，可增加版面文字编排的视觉细节，吸引读者涉猎下文，并强化记忆（图3-132、图3-133）。

图3-132（左）　报纸版面设计／放大的正文首字形成视觉焦点，使阅读导向更加清晰

图3-133（右）　报纸版面设计／每一栏的文字通过首字母进行强调，形成水平线上的跳跃点，增加了版面的活力，同时规划出文字的并列关系

　　以上就是设计正文文字的几种常见方法。当然，在实际设计中，正文的设计方法同样可以综合应用在同一版面中来丰富设计细节，增强视觉效果。还有一些特殊的处理手法，需要根据设计项目的需要来灵活运用（图 3-134）。总之，文字的编排设计是版式设计中的重要内容，我们除了要知晓和理解这些知识点，还需要将这些设计方法多加练习，以融会贯通。

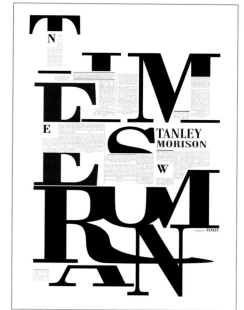

图 3-134　杂志设计 / 综合运用了巨幅标题、文字封套、首字强调的设计方法，虽然只是全文字版面，仍然让我们觉得视觉丰富，设计感很强

小贴士
要使首字强调的视觉效果更加突出，一般在同一版面中会设置并列跳跃的多个放大的首字，可以使版面更富有点的跳跃感和活力。

Chapter

第4章 图片的编排设计

第4章教学视频

　　图片的加入会使版式设计的视觉元素更加丰富，版面效果也会增色不少，但版面编排需要考虑的因素也更加复杂。这里所讲的图片设计不是指图形的创作，而是讲如何在版式设计中添加和使用图片，更准确地讲是指为了满足版式设计的需要，对图片进行选择加工，使版面具有更好的视觉效果，使读者获得更好的阅读体验。

　　计算机图片一般包含两种类别：矢量图（图4-1）和点阵图（图4-2）。

　　矢量图是指由计算机创建，一般不能通过外部设备获得，且具有形状、轮廓、颜色等具体属性的实体图形对象。矢量图文件在输出之前，以一系列算法存在于计算机中，因此，矢量图的视觉质量不会受到大小变化的影响，无论在计算机屏幕上放大多少倍，同样拥有平滑的轮廓、均一的颜色，在输出用于交换的图像格式时再确定输出分辨率和色彩模式。（分辨率和色彩模式的详细内容请参见本书第1章）

图4-1（左）　矢量图／图片中的图形轮廓清晰，图形都是一个单独的对象
图4-2（右）　点阵图／获取方式：拍照／混合的像素信息组成完整图像

　　点阵图既可以通过计算机软件绘制（如Photoshop、Painter、Procreate等），也可以通过照相机等外部设备获取。在创建或者获取点阵图之时就要先确定其图像分辨率和色彩模式，特别是分辨率，一旦确定基本上就决定了该图片的最高输出质量和所拥有的视觉细节。在计算机屏幕上把一张点阵图图片放大若干倍，就可以看到它是由一个一个的小色彩方块组成，这些小方块就是组成点阵图的最小视觉单位：像素（参见本书第1章）。在创建或获取一张点阵图图片之后，虽然我们可以在计算机中更改其分辨率和色彩模式，但改小分辨率可以，改大分辨率并不会进一步提升图片的精度；同样，色彩模式也有一个域的大小，RGB模式的色域就大于CMYK模式的色域，这也是为何在计算机上看到的图片色彩在印刷输出之后可能存在色差的原因。请大家结合本书第1章分辨率和色彩模式的内容来理解。虽然创建矢量图没有创建点阵图那么复杂，但是，点阵图比矢量图更能逼真模仿真实世界的影像。

　　当我们进行版式设计的时候，通过对图片素材的选择处理加工，可以使设计意图和版式风格更加突出，同时也能够让版面更加具有吸引力（图4-3、图4-4）。虽然我们也可以凭借自己的视觉感受来对图片进行加工，因为视觉原理是在人们的视觉实践中结合心理因素总结出来的，而我们的直接视觉感受也就包含着视觉原理。但是，作为一个设计师，我们不能像普通的读者那样完全凭直觉去工作，那样的话，我们很难处理设计中的复杂问题。因此，我们需要学习和掌握版式中图形设计的方法，这些方法就是结合视觉原理和人们的视觉经验而归纳提炼的，是经过实践检验的有效方法。对设计方法的学习和掌握，可以提高我们的工作效率和解决设计问题的能力。

图4-3（左）报纸版式设计／文字篇幅较大，图形在版面中虽只占到约30%的面积，但仍然具有强烈的视觉吸引力
图4-4（右）报纸版式设计／本身较为普通的海难图被设计师用独特的裁切方法分割版面，并带来极具视觉冲击力的阅读感受

　　在版面构成中，一般情况下图形的视觉冲击力比正文文字更强一些。但这并非语言或文字表现力减弱了，而是因为图形能具体而直接地把我们的意念表现出来，使本来平淡的事物变成强而有力的诉求性画面，充满了更强烈的创造性。图形在版面构成要素中，因其具有独特的性格而成为吸引视觉的重要素材。它具有几大功能：渲染氛围、调动情绪和导读。这一章涉及的主要内容有：图形的视觉度、图版率、图形的跳跃率、图片的裁剪和形状、图片的放置与组合、图形的方向和视觉导向等。

4.1 图形的视觉度

相对于文字，图形要素（符号图形、照片等）产生的视觉强度叫视觉度，视觉度描述的是视觉的表现力。图形的视觉表现力与许多因素有关：如图片的类型，图片的大小，图形与底色的对比，图片的分辨率，图形的意味、方向、色彩等。我们主要探讨的是不同类型的图形的视觉度差异。

4.1.1 符号图形的视觉度

从类型来看，一般符号化的图形视觉度比照片强。因为符号图形往往是高度精练的视觉传达元素，并与某种事物相关联或者具有某种意向。符号的视觉度与简洁性、对比度关系极大。

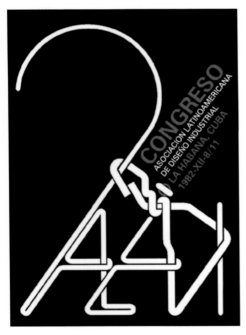

图4-5（左） 海报设计／简洁的白色图形置于黑色背景上，强烈的图底色彩对比使作品具有强烈的视觉度
图4-6（右） 海报设计／黑色图形置于浅灰色底色上，使图形同样具有很强的视觉度

小贴士

当你正在翻看这本书时，请用眼角余光观察图4-5和图4-6，你会发现图4-5比图4-6更吸引你的目光，也就是具有更强的视觉度，这是因为图4-5的黑色底色比图4-6的灰色底色和本书白色背景的对比更为强烈，由此我们就可以更加直观地理解图底对比的强弱如何影响图形的视觉度。

　　视觉符号明确的指向性，也就是符号的含义也使符号具有很强的视觉度，例如图形化的文字。文字本身就是一种符号，文字符号最大的优势在于其含义的明确性，当对文字进行特殊处理之后，其图形的性质强于其文本性质，我们就把这样的文字看作图形（图4-7、图4-8）。

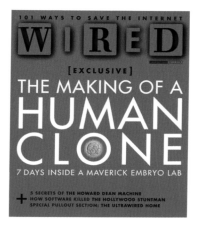

图4-7（左）　海报设计／用大小不一的数字组合成一个新样式，因人们具有主动理解图形含义的思维特性，使得具有明显意义的数字符号吸引了受众的注意力
图4-8（右）　杂志封面设计／具有明确含义的文字组合，使读者产生强烈的阅读兴趣

　　具有指示性的符号图形，也就是某些符号图形具有命令、传达、方向等意味，也具有很强的视觉度，能够引导观者的阅读流程，并且使人产生情绪或思维反应（图4-9、图4-10）。

图4-9（左）　海报设计／图中的箭头符号指向不同方向，表达了寻找解决问题出路的含义
图4-10（右）　海报设计／简洁的箭头指向文字，引导视觉流程

4.1.2　照片的视觉度

　　在照片中，一般特写的视觉度强于中景或全景；人物（或动物）的视觉度强于风景；风景中近景强于中景，远景（如云、海、天空）的视觉度最弱。原因在于拍摄时取景镜头的远近。我们在面对图片的时候，对图片中的事物有一个距离的判断，这个距离就是拍摄镜头与拍摄对象之间的距离，通常情况下，距离越近，视觉度越强；距离越远，视觉度越弱（图4-11~图4-13）。

图4-11（左）　杂志封面设计 / 人物特写 / 视觉度最强
图4-12（中）　杂志封面设计 / 人物特写 / 相对于图4-11中的人物，空间距离稍远，同时色彩对比相对柔和，给人后退感，所以视觉度弱于图4-11
图4-13（右）　海报设计 / 中景 / 视觉度相对于图4-11、图4-12更弱

> 小贴士
> 图片的视觉度和画面色调的强弱、冷暖等因素也相关。在对色彩的视觉感受上，一般饱和度高、暖色调会给人以前进感，因此给人感觉视觉度强；饱和度低以及冷色调会给人以后退感，视觉度相对较弱。

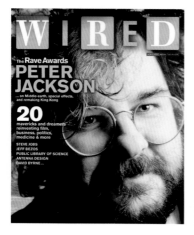

　　对图片视觉度的理解和感受均较为模糊和复杂。我们比较一下图4-11和图4-14，同样是人物特写，图4-11中特写人物的眼睛直视我们，就好像我们在与人谈话的时候，说话者的眼睛直视对方的眼睛，以产生信息或情绪交流，可以使听者更专注。而图4-14人物的目光望向画面右侧，似乎没有和观者产生交流和互动，因此其视觉表现力的强度不如图4-11。

图4-14　杂志封面设计 / 特写人物目光未和观者产生交流互动

　　我们再来比较一下图4-15、图4-16和图4-17，三张图都是远景。图4-15中以人物和地面的文字为主体；图4-16也有动物和靠椅等视觉主体，但色调是冷调；图4-17也是一张冷调的远景图，但图中几乎没有视觉主体。在视觉度上，图4-15强于图4-16，图4-16又强于图4-17。

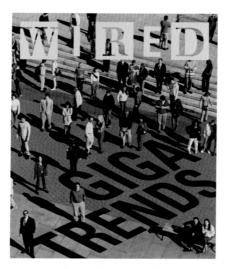

图4-15　杂志封面设计／偏暖的色调和图中的人物主体都是影响图片视觉度的因素

图4-16（左）　广告设计／风景远景，但图中的主体物提升了图片的视觉度
图4-17（右）　风景照片／蓝色冷调，没有视觉主体，使该图片成为三张图中视觉度最弱的

通过这几张图片视觉度的对比，我们已经能体会到影响图片视觉度的因素非常多。除了图片本身的属性，如形状、类别、空间距离、视觉主体、色调等因素之外，还和观者的主观情感有关系。因此，我们只有在设计实践中慢慢地积累经验，才能逐步提升设计能力。

> **小贴士**
> 在版式设计中，图片视觉度的把握并非越强越好，而是要服务于设计的主题，我们了解图形的视觉度，只是有助于我们在设计版式的时候根据我们的设计意图来选择图片。

4.2　图版率

图版率是指相对于文字，图片所占的比率。如果版面中全是文字则图版率为0%，如果版面中全是图片则图版率为100%。

4.2.1　低图版率版面

通常情况下，图版率低于30%的版面，我们可以称之为低图版率版面。一般书籍内页、财经和政治类话题的杂志内页、报纸等载体会以低图版率版面进行编排，这种版面适合编排篇幅较长的文字信息（图4-18、图4-19）。

图 4-18（左）　报纸版式设计 / 约30%的图版率，虽文字较多，但版面显得有序而不单调
图 4-19（右）　杂志版式设计 / 左右跨页图版率约10%~20%，通过右页留白减少版率，调和版面节奏，获得松紧有度的阅读感受

　　对于纯文字书籍，如小说、散文等，大多数的页面没有图形元素，这个时候我们可以通过加大天头的留白面积，加大段落间距，或者增加页眉、小节分隔符、装饰点缀等方法来调节版面节奏，让版面中的疏密、虚实有对比，使阅读感受轻松、愉悦（图4-20~图4-22）。

图4-20（左）　书籍内页设计／增加了小节分隔线，章节起始处增加留白调节版式节奏
图4-21（右）　书籍内页设计／增加天头留白面积调节版面率，添加页眉样式进行点缀，提升了阅读舒适度

小贴士
　　书籍的设计不会单独考虑每页的版式，一本书的装帧设计效果是一个整体，会涉及封面、环衬、扉页、版权页、正文页等方方面面的要素，我们就可以通过这些不同要素的巧妙结合来控制整个书籍的设计风格和美感。

图4-22　书籍内页设计／通过底纹肌理、装饰边框、标题字中英文组合样式等方法形成新中式风格的版面，雅致而有格调

4.2.2　高图版率版面

　　一般来说，版面中增加图形的话，好感度也会增加，仅有文字的版面比较平淡，图版率增加到30%左右会让人有阅读的兴趣。图版率超过50%左右时，好感度会急剧上升。高图版率的版面设计其视觉冲击力更强，更容易让读者产生沉浸式的阅读感受，因此海报设计、杂志封面设计等需要强视觉度以吸引受众的载体多具有高图版率的版面效果（图4-23~图4-30）。随着现代人生活节奏的加快，人们很难有更充裕的时间和平和的心态仔细地阅读大量文字，所以，时尚、旅游、美食、娱乐等通俗读物的内容设计也越来越多地应用比较高的图版率版面，以提高观者的阅读兴趣，满足读者快节奏生活方式下快速获取信息的需求。

图4-23　杂志内页设计／增加图片的前后对比，有图片的版面更加生动，有吸引力

图4-24（左）《中国日报》海外版头版设计 / 通过高图版率瞬间吸引读者注意力，提升阅读兴趣，文字的编排层级丰富，阅读导向清晰

图4-25（右） 海报设计 / 高图版率带来视觉吸引，和文字编排的强弱对比形成张弛有度的版面效果，既能产生视觉吸引，又能通过文字的编排增加版式设计的细节和精致感

图4-26（左） 杂志内页设计 / 缪依宸 / 图版率增加到50%以上的版面视觉效果更丰富有活力，也更有吸引力

图4-27（右） 宣传册内页设计 / 高图版率的版面设计，简洁干净，使观者阅读轻松、愉悦

> **小贴士**
> 在设计中，如果合适的图片资源不足，或者文字篇幅较长，也可以用给版面添加底色或色块的方式来提高图版率，增加版面的好感度

图4-28（左上） 杂志内页设计 / 设计师：黄露 / 100％的图版率，高质量的图片效果，给人以从视觉到味觉的通感体验，产生沉浸式体验

图4-29（左下） 杂志内页设计 / 通过添加底色以提高图版率，增加版式的好感度和视觉冲击力

图4-30（右） 报纸版式设计 / 版面中文字篇幅较长，通过添加底色提升了图版率和好感度，同时又使版面能够容纳更多文字内容

4.3　图形的跳跃率

　　图形的跳跃率是指版面中最小面积图形和最大面积图形之间的比率。图形跳跃率的效果与文字不同，不能单凭跳跃率来提高版面的活力，图形本身所传达的信息和情感才是决定性因素（图4-31、图4-32）。例如：表现静态的图片即使放大，也不能表现活力，而是更加强调它的安静。图形跳跃率的应用功能在于：①突出图形自身的特征以强化版面的视觉效果和风格；②规划内容之间的主次或并列关系；③调节版面的视觉节奏。

图4-31（左）《中国日报》海外版头版设计／版面中图片部分对比强烈，通过主图渲染视觉氛围，增强吸引力

图4-32（右）楼盘宣传册内页设计／设计师：子峻DesiGn／左右跨页形成高图形跳跃率版面，左页的主图强调和渲染主题，右页的副图不仅形成呼应，也成为正文文字的视觉引导

4.3.1　高图形跳跃率版面

高图形跳跃率版面多用于广告设计、杂志内页设计的标题页或标题页和内容页的跨页设计，主要用于吸引受众注意力，营造氛围，提升好感度，激发深入阅读的兴趣。在编排时，主图上可以采用图文混排的方法将主标题和图形融合在一起。主图和副图较大的面积对比和视觉强弱对比也可以让版式编排设计的阅读导向更加清晰（图4-33~图4-36）。

图4-33（左）地产广告设计／主标题、广告正文和主图混排，突出广告主题，信息文字由较小的图片引导，通过图形的大小对比，使版面更有节奏

图4-34（右）杂志内页设计／设计师：lovelyearn，标题页用整版出血图渲染氛围，右页图片面积均衡，体现内容的并列关系

> **小贴士**
> 值得注意的是：低跳跃率版面在设计过程中如果要通过调整图片的大小来表现主次关系，图片面积大小所产生的对比不要过于暧昧。如果图片面积差别太小，会让读者搞不清楚设计师的意图。

图4-35（左） 杂志内页设计 / 左右跨页中图片的面积形成递减的对比关系，清晰地规划了阅读导向，使版面舒适而有节奏

图4-36（右） 杂志内页设计 / 设计师：lovelyearn / 主图和副图面积跳跃率大，强调了内容的主次关系

4.3.2 低图形跳跃率版面

低图形跳跃率版面由于图片面积对比不大，版面比较稳定。在版面设计中，如果放置的图片一样大，在视觉上就没有主次和先后的顺序，多用于版面中图片及文字内容具有并列关系或者主次并不十分分明的情况（图4-37、图4-38）。

图4-37（左） 杂志内页设计 / 左右跨页图片并置且等形等大，提示了文字内容的并列关系，在视觉上形成了重复的节奏感

图4-38（右） 杂志内页设计 / 设计师：lovelyearn / 并列关系的文字内容通过等面积的图片和间距的大小区别进行导引，很好地控制了图文均较多的版面的秩序感

> 小贴士
> 版式设计并无定式，例如同样是并列关系的内容编排，我们可以用等形等量的图片编排来引导和规划并列关系，但我们也同样可以将氛围主图放大，再通过较小图片的并置来规划其并列关系。所以，设计师的设计意图和设计元素的数量和质量才是获得不同设计效果的关键因素。

4.4　图形的裁剪和形状 (图片的加工处理)

　　当我们开始一项设计任务时，首先要把收集到的素材进行分类，并根据设计意图进行处理，这就涉及对图片的裁剪。图片的裁剪不仅仅是根据版式中需要的面积大小进行缩放，而是根据设计的主题，以及图片本身的视觉特征，进行有目的的调整图片效果的设计方法。图片处理得当，则版面视觉效果和设计主题浑然一体，相互衬托，文字与图形相映成趣，生动和谐。

4.4.1　图片的裁剪

　　图片的裁剪因图片中事物的不同而千差万别，我们只能将几种常见而通用的裁剪规则进行探讨。

(1) 以人物为主体的图片裁剪

　　当需要裁剪的图片的主体是人物的时候，我们第一个要关注的是人物的朝向和视线方向。一般来说，我们要把人物面对的方向留有足够的空间，因为人物的朝向和视线方向对观者的视线具有导向性，并引发观者对图片中人物朝向的空间产生想象和延伸，这就需要在图片的空间上满足观者的这种心理需求，才能使观者感到舒适 (图4-39~图4-41)。

图4-39 (左)　原图
图4-40 (中)　裁剪方式一：人物面对的方向留白较宽，将背后的虚影部分剪掉，这样的图片效果使观者的视线更集中在人物的面部，干扰较少，感觉更清晰，主体突出
图4-41 (右)　裁剪方式二：将人物面朝的方向裁剪掉，背后留白较多，虽然观者的视线仍然被集中在了人物的面部，但总感觉哪里不对，原因是，人物面朝方向本该给观者以视觉上的延伸空间，却被图片的边线截断，使冲突产生，影响视觉舒适度

　　第二个需要关注的问题是人物的完整性。在进行人物图片裁切的时候，如果人物是一个中景，画面取景到人物的腰部以下，这个时候，人物图片的表现意图就不仅仅是人物的面部表情，还包含人物动态等其他更多的信息。我们在裁切的时候就需要把关注焦点放在信息的完整性上，特别是保持人物身体的完整性 (图4-42、图4-43)。

图4-42（左） 原图

图4-43（右） 将人物的头顶裁掉，似乎同等大小的面积，右图的人物要大一些，但这张图片显示出来的信息却很不明确。如果希望观者更关注图片人物的面部表情，那图片中人物的面部过小，不如面部特写效果更好；如果希望观者更关注人物的整体，那么，裁剪掉的头顶就是一个败笔。所以，减少图片处理的随意性，会把我们的设计意图表达得更明确

小贴士

在人物特写图片中，这个禁忌可以打破，因为，人物特写的拍摄意图就是希望观者把关注焦点聚焦在人物的面部表情、情绪、视线的方向等方面，裁剪掉头发等多余的信息，有助于图片的主题更加突出。一般来说，人像图片的取景范围在肩部及其以上的区域时，观者就会更加注意人物的面部而非关注身体的完整性（图4-44~图4-46）。

图4-44（左），图4-45（中）、图4-46（右） 人物面部和五官的美感成为视觉焦点，裁剪的完整性不再是重点关注的方面

　　人物图片的裁剪第三个需要注意的方面是，当人物具有动态，特别是这个动态使图片具有方向的时候，指向性的身体部位不能被裁剪掉（图4-47）。

图4-47 图中的女性人物的动态和表情似乎在告诉观者什么信息，她的右臂抬起，像有所指的样子。但遗憾的是，这张图片裁剪掉了女孩儿的手以及手所指向的事物，使图片看起来很不完整。在我们的生活中，这样的例子还有很多。例如：取景取到膝盖以下，却没有拍到脚；合影中，小伙伴儿的手臂在画面以外，等等

（2）图片中有明显的水平或者垂直线

　　在我们周围的事物中，水平线和垂直线无处不在，因此在图片中出现海平面、地平线、栏杆等具有明显的水平线或者垂直线元素时，我们在裁剪图片时要尽量使图片中最主导的线条符合人们的视觉经验。即海平面、地平线等要尽量保持水平，栏杆、建筑物转角或柱子等事物要尽量保持垂直（图4-48~图4-51）。

图4-48（左）　裁剪之前，海天分界线不水平，略向右上方倾斜，使图片产生不稳定感，虽然倾斜角度并不大，但当我们仔细注视这张图片，会发现这条倾斜的水平线让人觉得有点别扭，就好像完美的事物有一个瑕疵一样

图4-49（右）　裁剪之后，海平面得到修正，尽量地保持了水平，这样才符合我们的视觉经验，观者才会因合理而感觉美

　　小贴士
　　一般来说水平线倾斜角度越大，越明显，不稳定感越强，给观者带来的不适感也会越强。有的图片中的水平线并不明显，但结合观者的视觉经验会察觉到水平面的存在，同样需要我们使图片中隐藏的水平线保持水平。

图4-50（左）　裁剪之前，图片中虽然没有明显的水平线，但湖面水波纹理和船只的高差都会让观者感觉到这张照片的倾斜感，似乎图中的船只在向左下角滑动

图4-51（右）　裁剪之后，水波纹保持水平，船只也基本平齐，图片看起来稳定多了

我们用照片捕捉现实生活中的物象，很多事物都能产生明显的垂直线。如果图片中应是垂直的事物明显产生了倾斜，同样会使观者对图片产生不稳定感（图4-52~图4-55）。

图4-52（左） 裁剪之前，房屋旁的路牌杆和垂直线（图中红色辅助线）有一个明显的夹角，地面也与水平线有一个夹角，使照片产生不稳定感

图4-53（右） 裁剪之后，修正了图中事物和垂直线、水平线之间的夹角，图片更稳定，观者的视觉感受更舒适

图4-54（左） 裁剪之前，处于图片较中间位置的地铁立柱是图片中最明显的垂直线，但由于角度变形的原因，该立柱以及之后的立柱的角度都有误差，和垂直方向产生了一个夹角，使图片整体感觉有些倾斜

图4-55（右） 裁剪之后，以最靠近视觉中心的立柱为基准进行修正。但修正之后最靠近镜头的右侧第一根立柱由原本的垂直变得倾斜，因此，我们在裁剪的时候，把第一根立柱裁掉了。现在，图片效果更符合观者的视觉经验，感觉舒适多了

> 小贴士
>
> 有时，图片中的垂直物象不止一个，拍摄过程中镜头的变形会使有些物象保持垂直，而有些物象与垂直线有一个倾斜夹角，这个时候，我们就需要根据图片的实际情况进行调整，尽量追求图片的视觉舒适度。可以以图片中最引人注目的垂直物象为基准进行修正，也可以将修正后反而变得不垂直的物象裁剪掉。

（3）调整图片中事物的特征或节奏

调整事物特征的情况比较复杂，和图片中的物象有关，也和设计师的设计意图及主观感受有关。我们在此以图4-56~图4-59为例和大家探讨一二。

图 4-56（左）　裁剪之前，地铁站台左右两侧以中轴线完全对称，虽然对称也具有形式美感，但绝对对称的图形也会给人以缺乏变化的视觉感受

图 4-57（右）　裁剪之后，让透视线和消失点向左移动，处于画面中心略偏上偏左的位置，产生了对比和节奏，图片效果更有动感

图 4-58（左）　裁剪之前，水天所占的面积比较均等，画面的上下分隔线几乎为画面垂直方向的中线。优点是稳定感强，缺点是重点不突出

图 4-59（右）　裁剪之后，裁掉没有更多视觉细节的天空，让分割线向上移动，使水面两岸的建筑和船只在画面中占据更大的面积，因而视觉主体更加突出，同时给观者以视野更开阔的感受

> **小贴士**
> 通过对图片的加工能够让图片更符合我们的设计需求，但在此提醒大家，遵循图片的应用规范也是非常重要的，这会直接影响设计质量。例如：图片的分辨率和比例（请参见本书第 1 章）。如果版式设计中的图片精度不够，会怎么样呢？大家只要想象一下从电影院偷拍后制作的盗版影片的视觉感受就知道了。如果把图片随意变形、拉长或者压扁，而使图片中的物象不符合实际生活中的比例，也会使版面的视觉美感遭到破坏，这在版式设计中是大忌。

4.4.2　图片的形状

　　除了图片的裁剪之外，图片的形状也是我们需要重视的方面，不同的图片形状会影响图片和文字的融合度，也会影响版式的风格。

（1）方形图片

　　方形图是版式编排中关于图片应用最基本、最简单、最常见的表现形式。方形图片构成的版面稳重、严谨、大方。其优势还表现在对编排网格的适应性上，能够成为版面中的轴线，作为文字编排的基准线，使文字和图片比较容易调和与关联（图 4-60）。

图4-60　楼盘宣传册内页设计／设计师：子峻DesiGn／方形图片的编排简洁有力，右页应用等分双栏网格进行编排，强调了秩序感

（2）圆形图片

圆形图片在版面中较方形而言更有亲和力，版面也更有趣味性，但圆形图片和文字的编排轮廓之间容易产生三角形虚空间，使文字轮廓和图片轮廓产生曲直对比而相互排斥，较难融合。在应用圆形图片时配合文字绕图的编排方式可以比较好地解决这个问题（图4-61、图4-62）。

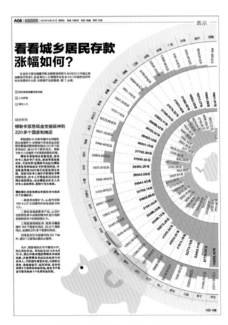

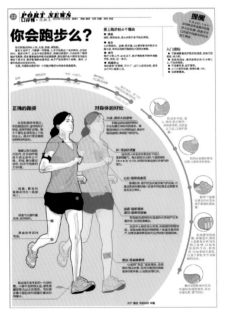

图4-61（左）　报纸版式设计／圆形图占据版面大部分面积，成为版面视觉主体，标题文字配合圆形轮廓编排协调了版面中的图文关系，但正文文字和图形之间的关系还是有冲突感
图4-62（右）　报纸版式设计／圆形轮廓外围的小图形成了过渡，减弱了圆形轮廓和版面方形边界之间的冲突关系，标题及正文的编排在空间上和圆形图分割在不同的板块，也是解决冲突感的方法

（3）异形图片

异形图片是指在方形图片基础上将图片与文字版面之间的直线分隔加工为更富于变化的形式，例如单弧线、双弧线、折线等。可以是比较规则的几何边界，也可以是比较自由的偶然边界。异形图片的处理方式能够很好地保持图片的完整性，同时又使图片的边缘不像方形图片那样单一。作为版面分割的边界，能够让版面更生动、流畅，有利于对版面秩序感的控制，在形式上比方形图片更自由、有活力。异形图片用规则几何线作为边界，会显得比较简洁、大气和严谨；用偶然形成的边缘作为边界会更加自由和独特（图4-63~图4-68）。

图4-63（左）　宣传册内页设计 / 用菱形轮廓对图片进行切割再组合，使图片与文字的分割线呈半包围式，突出文字内容，既保持了方形图片大气、整体的视觉特征，又产生了变化，提升了版面活力
图4-64（右）　广告设计 / 用双弧线作为图片和文字版面的分隔线，柔和流畅，使版面生动有活力，富有生机

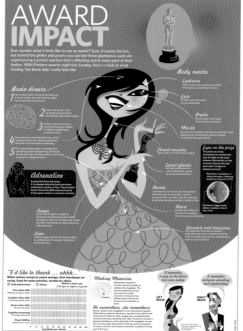

图4-65（左）　广告设计 / 图片的折线轮廓具有明显方向性，指向产品品牌，图片形状简洁有力，分割的版面图文清晰、整体有序
图4-66（右）　报纸版面设计 / 弧线分隔，简洁有张力，通过添加底色增加版面的图版率，提高观者对图片的好感度和阅读兴趣

图4-67（左）广告设计／用图片底色肌理自然形成的偶然边缘作为图片分隔线，边缘不像规则几何边界那么鲜明，形成一种过渡，使边界视觉效果变得柔和

图4-68（右）广告设计／将图片轮廓用厚质纸张撕边的效果进行剪裁，使版面视觉效果潇洒、独特、有吸引力

（4）置入容器的图片

　　将图片置入容器实际上是两个以上的图形或图片的叠加，组合成一张图片的效果。以其中一张图的轮廓为封套，将另一张图片置入这个封套中。我们可以将图片置入任何一种图形的轮廓之中，来产生独特的视觉效果，并将两种图形所包含的意向并置，表达两者之间的关联性（图4-69、图4-70）。这种图片处理方式，可以包含更多重的信息和意味，以使图形语言更加丰富和具有表现性。图片的轮廓变化多样，也使版面设计具有独特的视觉效果。

图4-69（左）海报设计／以文字轮廓为封套，将梵高画作置入文字内部，既保留了文字的轮廓和识别性，又保留了图片的效果。这种将图片置入文字容器的设计手法，既适用于图片处理，也适用于标题字的设计

图4-70（右）报纸版面设计／绘制墨迹的轮廓作为封套，将图片置入轮廓中，和钢笔浑然一体，图片的样式呈现出独特的效果

以上处理图片的方法都是从外部入手，通过另一形状轮廓的叠加，来改变图片的轮廓。还有两种处理图片的方法，是从图片内部入手，根据图片内部视觉元素的轮廓或视觉效果进行处理，来增加图片本身和版式设计的视觉层次。一种是以图片中主体物自身的形状轮廓来修剪图片，去掉背景，在印刷术语中，我们称为"挖版"；在设计方法中，我们也叫它"退底"；在设计公司，设计师们也称它为"抠图"（图4-71）。另一种是使图片中主体形象和周围背景柔和过渡，呈现渐隐的效果，在印刷术语中我们称之为"羽化版"。

图4-71 影视海报设计／以片中主角身体的外轮廓为封套，将影片主要场景图置入其中，融合了影片讲述的故事场景和人物。人物面部轮廓朝向片名和信息文字，完成视觉导引

（5）挖版图片

挖版图片在视觉设计中应用十分广泛和常见。对于点阵图，应用挖版图片需要将图和底像素分离，去除背景；而矢量图则很方便，直接应用即可。挖版效果的图片应用在版式中能够很好地和文字融合，版面效果非常和谐，同时还可以对原图片中的瑕疵进行修正。不同的挖版图片，应用效果也不尽相同，我们来看几种典型的挖版图片应用的版式设计图例，便于我们理解和学习。

①以挖版图片自身的轮廓为版面中的图文分界线，使图文分割线的样式更加丰富多样（图4-72、图4-73）。

图4-72（左） 报纸版面设计／矢量图的插画不用背景就是挖版的应用效果，再使用文字绕图的文字编排方法，增加了版面的趣味性

图4-73（右） 报纸版面设计／以树冠轮廓为图文版面分割线，使图文过渡更加自然

②通过应用挖版图片使文字和图片能够混合编排，你中有我、我中有你，便于版面中的图片与文字的融合（图4-74、图4-75）。

图4-74 杂志内页设计 / 右页的蔬菜退底之后摆放在背景色上，再添加简笔插图和文字，使图文相映成趣；左页的边缘处理有一定的挑战性，土壤本身是没有形状的，边缘过实会感觉生硬，没有土壤松散的特征。这个版面中的边缘处理由实到虚的过渡恰到好处，非常自然

图4-75 杂志内页设计 / 文字和图片融合在一起，并形成图文对照，使阅读更清晰

③通过使用挖版图片将版面中心留出，形成包围式或半包围式的中心构图。这种构图方式所形成的版面，周围的满和中心的空形成高反差对比，并使主体信息集中，形成视觉聚焦的效果（图4-76、图4-77）。

图4-76 杂志内页设计 / 退底之后的蔬菜图在版面中的放置位置更加灵活，形成包围式中心构图的同时，部分图片和图文对照，形成视觉导引

图4-77　《中国日报》海外版设计 / 插画形成半包围样式，将文字集中，文字绕图的编排方式使图文结合，并最大限度地利用了版面空间

④当图文混排时，利用挖版图片和文字之间的遮挡形成前后关系，营造版面的空间层次（图4-78、图4-79）。

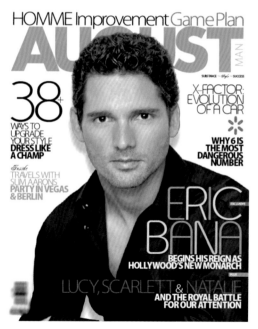

图4-78（左）　杂志封面设计 / 封面人物遮挡住杂志名称，右侧的文字放置在人物身体上，利用现实生活中人们的视觉经验形成前中后的关系，营造出版面空间层次

图4-79（右）　杂志封面设计 / 文字和封面人物的前后关系更加明显，并通过人物前胸后背两侧文字大小的变化进一步强化前后空间层次

⑤通过给挖版图片添加阴影等立体化处理，形成图形似乎要跳出纸面的空间效果，相当于在二维纸面模拟出三维的立体感，给观者以新奇的视觉感受。图形和文字也形成了空间纵深的区隔，使版面效果立体、活跃（图4-80~图4-82）。

图4-80　杂志内页设计 / 蔬菜的立体感十分逼真，似乎下一刻就会掉下来，让人有忍不住想去接住它的冲动

图4-81（左）杂志封面设计 / 封面人物似乎是站在纸面上看着你，和观者产生互动，增加了版面的趣味性
图4-82（右）海报设计 / 立体的图形和小而精致的文字编排强化了图和文的大小对比，使空间更加立体

⑥利用挖版图片组合成新的图形样式，也可以理解为一种图形创作方法（图4-83、图4-84）。

图4-83（左）　报纸版式设计 / 柠檬片组织成花束一般的形态，提升图形美感，逐渐演变成一粒粒药片，很好地表达了主题
图4-84（右）　海报设计 / 茶具、茶叶以点的形态和版面中的茶道书法文字组合成具有文化意象的场景，图和底融合为一体

⑦将挖版图形处理成剪影效果，通过图底的强对比使图片具有符号化效果和视觉强度，使版面简洁有力（图4-85~图4-87）。

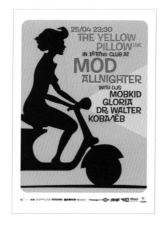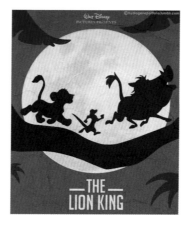

图4-85（左）　海报设计 / 同色系不同明度颜色搭配，使色调和谐；人物剪影轮廓细节丰富，很有美感
图4-86（右）　影视海报设计 / 将主要角色处理为剪影，和背景浅色的圆月形成对比，在视觉上形成强对比关系，又利用圆月的轮廓形成一个包围式构图，将观者的视线集中在主要信息上

图4-87　海报设计／品牌角色剪影效果和底色对比形成很强的视觉冲击

小贴士

在设计剪影的挖版图形时，图形的轮廓是观者能够识别和欣赏图形的主要视觉信息，轮廓的视觉细节是否优美流畅、简洁是决定剪影图形质量的关键因素，必须经过归纳和简化。有时，一些我们看真实图片觉得很美的图形，经过剪影处理以后，会觉得怪怪的，失去美感，就是因为失去的视觉细节改变了观者观看的焦点。

（6）羽化版图片

与挖版图形的处理方式不同，羽化版的图形处理效果并不强调图形轮廓的完整性，而是通过图形边界向背景色（图）的渐变过渡来形成融合的效果，图形轮廓的完整性可以视设计的需要进行取舍。羽化版图片背景色的明度不同，视觉效果差异很大。一般来说，将边缘羽化的图形放置在深色背景中，形成的视觉效果是聚集；将羽化版图形和浅色背景融合，形成的视觉效果是轻灵和飘逸（图4-88~图4-93）。

羽化版的图片还有一个延伸、强化空间的功能。我们在拍摄物体的时候都知道，设定同样的景深，离对焦的主体物越远的物体越模糊。所以，我们可以利用这一原理，将图片中主体物之外的内容通过羽化使其模糊，强化空间深度。

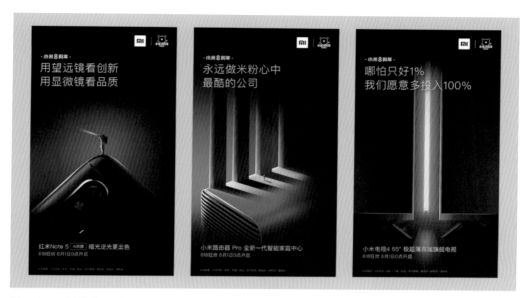

图4-88　系列海报设计 / 将视觉重点放在图形局部，其他部分逐步和背景融合，再以背光的效果将观者视线聚集在展示的局部，形成深邃而神秘的画面风格

图4-89（左）　海报设计 / 用羽化效果将图片远端渐隐，融合在背景中，形成由近及远的过渡，使主体突出
图4-90（右）　海报设计 / 两张羽化版图片的融合，增加了画面视觉细节；较深的背景图片和前景咖啡杯拉开空间距离，咖啡杯周围的羽化效果增加了光感

图4-91（左）产品海报设计／产品图片边缘羽化后融入背景，显得晶莹剔透，传达出女性用品的柔美气质

图4-92（右）影视海报设计／设计师：黄海／以羽毛为视觉焦点，前景虚化，远景渐隐，形成空间层次，版面风格显得轻盈、飘逸

小贴士

当羽化效果的背景色是白色时，要慎用从中心向边缘渐隐，特别是渐隐幅度较大时，图片会比较集中在中心，周围没有视觉信息，这个时候，版面效果会给人松散而空的感受，也无形中缩小了图版的面积，显得小气。

图4-93 杂志内页设计／以近处的主体物虾球作为视觉焦点，远景虚化模糊形成空间层次。左页渐隐，留出文字编排空间，同时用文字抓住观者视线，使版面不会令人有太空的感觉

4.5　图片的放置与组合

4.5.1　图片的放置规律

　　在一个版面中，主要图片放置的位置，会将版面分割成不同的布局样式，从而影响观者的阅读顺序和关注重点。我们先来看一看图片放置划分版面的常见形式（图4-94）。示意图中，灰色部分为图片区域，白色部分是背景及文字区域，除了上排第一、第三张（将图片放置在顶部和底部与放置在中间，版面分割关系虽然是相似的，但视觉效果差异比较大），其他的图片放置位置都可以左右、上下互换。

　　示意图对版面的分割是一个大致的概念，在实际的应用中，图片、文字面积的分割不会这么绝对均衡。图片的放置样式也会在这几种常见的框架之下产生更多的变化。归纳常见布局样式的目的是便于初学者比较容易控制版面，得到整体而有序的版面设计效果。在融会贯通之后，我们可以根据实际设计项目的图文特点进行变化，一是可以解决更复杂的版面编排问题；二是可以产生更丰富、新奇的版面效果。在进行更复杂的版面编排时，如何控制版面秩序感，请参见本书2.4网格编排的内容。接下来，我们对每一种图片放置样式的视觉效果作一个简单的分析。

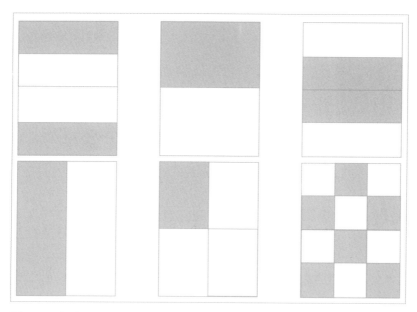

图4-94　版式设计中主要图片放置位置分割版面示意图

　　图片集中放置在版面的顶部和底部，版面的空间得以延展，显得比较大气。同时，这种版面的布局有较强的聚拢效果，会把观者的视线集中在版面中部的文字内容上（图4-95）。

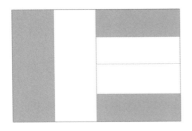

图4-95 杂志内页设计 / 学生作业 / 2016级阮璐阳 / 图片放置将版面中心留白作为文字区域，使版面视觉效果很集中

　　图片放置在版面的左侧或右侧分割版面时，如果只考虑单页版面，将图片放置在版面的左侧或者右侧在视觉强度效果上区别不大。根据我们从左至右的阅读习惯，图片在版面左侧形成视觉吸引之后，会引导观者自然而然地对文字进行阅读，视觉引导的作用会大一点（图4-96）。但如果考虑左右页跨页的情况，将图片位置放置在左侧或右侧，对版面效果的视觉效果影响就很大（图4-97）。

> 小贴士
> 一般来说，一个版面左侧的视觉关注度比右侧视觉关注度要强，所以，我们要根据设计意图将更主要的图、文信息优先放置在左侧位置。

图4-96 杂志内页设计 / 将图片放置在跨页版面的外侧，文字内容集中在中间，更能够引导观者的阅读兴趣，版面效果也显得整体而结实

图4-97　杂志内页设计／将图片放置在跨页版面的内侧，文字被分置于版面两侧，由于图形更强的视觉度，使文字容易被忽略

图片放置在版面的顶部上下分割版面，比较符合我们观看和阅读的习惯。图片形成视觉吸引，然后引导阅读文字。因此，这种图片放置方式应用比较普遍，获得的版面效果也比较中庸。但如果考虑左右跨页的版面，图片在顶部并置，就会使版面变得大气（图4-98）。

图4-98　杂志内页设计／图片在跨页顶部并置，视觉上开阔了版面，使两个版面合二为一，显得大气。但要注意并置的图片在视觉上不要产生太大差异，否则会失去这种效果

小贴士
在根据示意图放置主要图片分割版面时，不要很机械地均分版面，主要图片所占据的面积大小均可以调整，过于均衡的图底分割会使版面显得呆板。特别是当图片放置在版面左侧或者右侧时，均分的版面会使宽高比例过大，不太符合人们的视觉习惯。因此单页版面使用这种分割形式要特别注意（图4-99）。

图4-99 杂志内页设计 / 左页左侧
图片（色块形成的图形效果）面积减
小，右页顶部图片面积增大，使版
面主体十分突出，视觉对比也很有
节奏

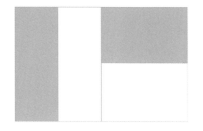

　　图片放置在版面的底部上下分割版面，和放置在顶部十分类似，也比较常见
（图4-100）。当单页版面应用时比较常规而中庸；但扩展为跨页后，图片并置在底部
同样可以获得比较大气的版面效果。

图4-100 杂志内页设计 / 底部的图
片对版面形成了很好的支撑，一张图
片使两个版面变为一个扩大一倍的
版面，视觉上很大气；文字的黑白对
比又增加了版面的变化

图4-101 杂志内页设计 / 右页主图
放置在版面右下角，但在版面上方
用两张小图平衡重心；加上左页顶
部的图片，整个跨页版面显得更加
稳定

图片放置在版面中一角的位置，比较容易造成版面重心的偏移，破坏平衡，因此，大多数情况下都会采取对角放置的方式去平衡版面，但对角放置又容易使版面显得呆板，我们可以通过文字的编排节奏来活跃版面；也可以用将对角放置的其中一组图片缩小或放大调整图片的面积对比来活跃版面；或者调整位置使图片不完全对角放置等方法来调节版面（图4-101）。

图片放置在版面中间的位置，优点是图片集中，可以增加版面的视觉强度；缺点是会将版面上下内容分隔开，比较不容易统一；另外，图片的视觉度会收缩版面的边界，感觉版面不够开阔。所以，在单页的版面设计中这种图片放置方法不是很常见，但在杂志类的对开页版面编排中有所应用，可以通过另一页的版面节奏来进行调节（图4-102）。

图4-102　杂志内页设计 / 左页通过在上下两栏增加图片、边框等视觉元素来扩大版面边界，右页的整版图片也有相同的作用，使整个对开页版面显得更开阔、大气

图片分散放置的版面布局形式感比较强，通过网格中图片的任意组合，还能形成有对比的视觉节奏；分散放置图片便于图文对照编排，相对来说更适合并列关系的图文内容（图4-103~图4-105）。但分散放置图片的版面也有容易产生松散视觉效果的缺点，这一点要特别注意。

图4-103　杂志版面设计 / 等大的方形图散点放置，形成重复的视觉节奏，几个色块既增加了图版率，又使图片位置不会过于对称，使版面效果更有活力

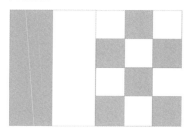

图4-104（左） 杂志内页设计／图文对照编排，使阅读清晰。版面中正文文字划分三个层级，并用线框装饰，增加视觉细节，使版面沉稳而精致

图4-105（右） 网页版面设计／较多的图文内容，通过网格编排进行控制，使版面非常有序。分散放置的图文形成视觉上的重复，增强了节奏感，使版面有活力，图文对照方便阅读

小贴士

分散放置图片的编排方法如果借助网格编排就会变得容易控制，并且还可以通过不同网格类型形成丰富的变化，特别适合图文较多，又是并列关系的内容。

以上我们分析了图片放置最常见的几种形式，在实际的运用中，放置的位置和面积仅仅是一种参考，我们要根据具体设计需求进行调整。

前面的图例中，图片放置位置除了方位的变化，还有些图片超出了版心以外，而且还比较常见。这种将图片放置超出版心，延伸至页面以外的图片，我们称之为"出血版图片"（图4-106）。"出血版图片"不是一个形状概念，而是一个位置概念。"出血"是印刷上的术语，即画面充满、延伸至印刷品的边缘之外。在版式设计中使用"出血"版的图片效果，可以将版心的实际面积增大，从而使版式效果更大气。但要注意文字一般不会超出版心，因为如果所有的视觉元素都贴近边线，就会使观者视线向两边或四周扩展，不能在版面中较好地停留。

图 4-106　杂志内页设计 / 版面除文字外，图形元素和底色都布满整个版面，看起来比较有气势

4.5.2　图片的组合原则

如果在版面设计中只采用一张图片，那么，其质量和风格会对版面效果起决定性作用。增加一张图片，就变为较为活跃的版面了，同时也就出现了对比的格局。图片增加到三张以上，就能营造出很丰富的版面氛围。当图片增加到两张或者两张以上时，就涉及图片的组合了（图 4-107、图 4-108）。图片的组合可以调整版面的视觉效果，但也需要遵循一些基本原则，否则会破坏版面的视觉美感。

（1）减少虚空间

当版面中图片比较多时，我们组合图片的主要目的是将小图片组合在一起，形成大图，能够产生比较大气、整体的视觉效果；较多的图片不经过组合放置在版面中，会产生较多的虚空间，使版面变得凌乱和松散（这不包括有意图地进行分散放置图片编排的情况）。所以，在组合图片的时候要注意图片组合后所形成的大图轮廓的完整性、图片与图片之间关系的整体性（更详细内容请参见本书第 2 章）。

图4-107　杂志内页设计／右页的图片经过组合之后形成一张大图的视觉效果，使版面显得大气、整体，设计师在图片下方添加了位置示意的说明文字，方便阅读

图4-108　杂志内页设计／9张图片组合成3张，使图片放置位置和文字版面分割变得更整体；组合图片数量面积的逐渐增加，让版面更有节奏

小贴士
分散放置图片的编排方式便于图文对照编排，方便阅读。组合图片后，图文对照变得困难，为了清晰反映图片内容，我们可以通过添加图片编号或图片位置示意图等方式，方便读者读取信息。

（2）图片放置符合人们的视觉经验

　　当图片组合在一起时，图片与图片之间就会产生视觉关联，如果图片内容本身就具有关联性，就要注意这种关联带给观者的观看体验，要以符合观者视觉经验，让其感到心里舒适为原则（图4-109）。

图4-109　图片组合图例／图片中的风景在人们视觉经验中具有较强的关联性。组合方式①是将海面图片放置在海边别墅图上面，使人产生建筑顶部被堵住的压迫感，让人觉得别扭，因为房屋在我们的视觉经验中是超出海平面以上的；组合方式②调整之后，将海面图片放置在下方，就感觉好多了

（3）人物图片放置的关联性

如果版面中图片主体是人物，那么在版面中人物的朝向或视线的方向会影响观者对人物之间关系的判断。如果相关联的人物，最好朝向彼此，这样会使图片中人物的关联性得到加强；在左右跨页的版面中，如果两页相关联，人物图片最好朝向页面以内，这样可以使观者的视线收拢在版面以内，增加阅读的兴趣（图4-110、图4-111）。

图4-110（左）　杂志内页设计／图中的人物朝向，让左右版面的联系得到加强，不仅是人物朝向，图片中鞋尖的朝向也有目的地朝向版面内部，使版面的细节更加舒服
图4-111（右）　杂志内页设计／版面中两张挖版图片的人物朝向彼此，使人物之间似乎产生了互动，版面变得有趣而生动

（4）图片间隔等距原则

在版式设计中，组合在一起的图片，相互之间的间距要统一。一是一个组合中的间距统一；二是同一版面内不同组合中的图片间距也要统一（图4-112）。这是因为差异性会成为人们视觉注意的焦点，也就是说，如果图片组合间距出现差异性，就会把观者的注意力集中在这个差异性上，干扰观者对图片的观看。同时，还会显得杂乱而影响版面的视觉美感。组合图片的数量越多，间距不统一形成的杂乱效果越明显。同样，有组合关系的图片和文字之间的间距也应统一。

①

②

图4-112　图片组合间距示意图／组合方式①给人的感觉凌乱；
组合方式②调整间距之后，图片变得有序，细节更规范

小贴士

在图形的跳跃率中，我们讲到过有主次关系的图片，可通过大小的不同来区别其主次关系；如果是并列的关系，可以将图片尺寸统一。将并列的图片进行组合时，应该把相似的图片并置，以产生类比；如果是主次关系的图片，可以适当远离，会使读者对图片及内容的主次关系更加明晰。

4.6　图形的方向和视觉导向

在版式设计中，除了通过图片放置、文字编排的布局规划来形成清晰的阅读导向之外，我们还可以根据图片中图形的方向对观者的视觉方向进行引导，使观者得到清晰、流畅的阅读感受。在版面设计中图形的方向感强则动势强，产生的视觉感应就强。版面视觉导向可以通过图形的动势、人物朝向等因素获得，也可借助引导线、点等因素来达到。

4.6.1　以图形特征引导阅读导向

在版式设计中，如果我们以图形本身的特征形成的方向指引作为阅读导引，往往能够得到极富趣味性、有动感和活力的版面，也能给观者以构思精巧之感。具有方向感的图形很多，例如：人物的视线、手势、动势等；图形的动势、倾斜方向、具有指向性的符号等；图片中的光线、夹角、凸起等异质元素。总之，在设计过程中，我们要对设计元素进行仔细分析，充分利用图形元素给人的视觉感受和心理反应进行版面的编排设计，使版面在具有美感的同时让观者的阅读过程更加清晰、流畅。

图形的倾斜方向引导阅读：倾斜是一种不稳定状态，在自然界中是非常规现象，因此倾斜的事物就有了一种特异的气质。图片中的图形如果倾斜，就会吸引观者的注意力，我们可以利用倾斜图形的这种特质来引导阅读（图4-113~图4-115）。

图4-113（左）　报纸版面设计／图片中藤蔓生长延伸的趋势和倾斜方向都形成了视觉导引，文字编排和图形倾斜方向平行且垂直于地平线，恰好处于地平线的延伸处
图4-114（中）　报纸版面设计／发散构成的倾斜蜘蛛网具有很强的方向性，蜘蛛网的倾斜线成为版面中主要的轴线，文字沿轴线编排既保持了版面的秩序感，又使版面具有了动势
图4-115（右）　杂志封面设计／版面中倾斜的木槌是观者视觉注意的焦点，木槌的一头指向标题字，另一边指向信息文字，形成清晰的视觉导引

图形的指向引导阅读：生活中有很多事物都具有明显的方向感，例如箭头、路标等。观者的视线会自然而然地转向有方向感的事物指向的延伸方向，充分利用这种视觉引导，指向版面主题内容，可以形成精巧的版面效果（图4-116~图4-118）。

图4-116（上） 海报设计/版面中的铅笔就具有明显的方向性，利用铅笔笔尖的指向引导观者视线，且铅笔形成一个渐变发散指向标题字，使这种视觉导引得以强化

图4-117（左下） 杂志版面设计/较完整图形中突然甩出的管子形成了明显的视觉引导线

图4-118（右） 商业海报设计/图片中的工具指向标题文字，使主要信息得以强调，再通过文字的层级区分信息的主次，使观者的阅读自然流畅

图形的运动方向引导阅读：虽然版面设计主要研究静态图像，但观者对静态图形的视觉联想可以使图形具有某种动感。利用这种动感的运动方向所形成的视觉导引可以使版面变得有趣（图4-119~图4-121）。

图 4-119（左）　海报设计 / 啤酒杯中溢出的啤酒在观者的视觉经验中会向下流动，设计师利用这种动感将文字置入，既增加了图形的趣味性，也使文字信息更有吸引力

图 4-120（中）　杂志内页设计 / 和图 4-119 有异曲同工之妙，利用油漆流动的方向性引导观者的视线向下移动到文字信息上

图 4-121（右）　海报设计 / 展览名称的英文立体透视处理，通过文字图形的包围和透视延伸方向使展览标题醒目且具有空间悬浮效果

　　人物或动物图形的动态引导阅读：人物、动物等有生命的事物充满活力又处于不断运动之中。他（它）们的很多行为都具有强烈的方向性，例如视线、手势、行走方向、身体朝向等。利用这些特质引导阅读流程能够使图形、文字信息和观者产生互动，使版面生动且意味深长（图 4-122～图 4-130）。

图 4-122（左）　海报设计 / 大雁飞向右上方放置片名的位置，引导观者重点阅读；银杏叶保持和大雁群一致的倾斜角度，使版面整体有序

图 4-123（右）　海报设计 / 鸟头的朝向指向文字信息，阅读导向很清晰

图4-124（左） 海报设计／图中人物走在狭长、曲折的道路上，运动的方向朝向标题文字，隐含了影片所表达的内容基调

图4-125（右） 海报设计／人物的运动轨迹和方向引导阅读流程

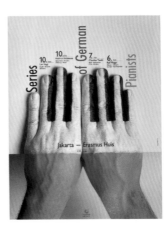

图4-126（左） 报纸版式设计／版面中的人物向上看向标题，既引导阅读流程，又表达了"看向"的深意

图4-127（中） 杂志版面设计／人物面部朝向较集中的文字信息，产生互动效果，使观者视线集中汇聚，让版面紧凑而结实

图4-128（右） 海报设计／钢琴音乐会招贴，绘制成钢琴琴键的十个手指分别指向文字信息，准确传递了钢琴音乐会的主题，又使版面具有清晰的阅读导向。不得不说，霍尔戈·马蒂斯不仅仅是海报设计大师，也是版式设计高手

小贴士

人物的动态在版面中也是形成视觉导引的重要元素，动作的幅度越大，动态越夸张，版面的动势越强，对观者视觉的吸引也越强。

图4-129（左） 杂志封面设计／版面中人物的动态将观者视线引导到人物眼睛，人物的眼睛和主要文字信息处于同一轴线，既强化了轴线，又引导了阅读流程

图4-130（右） 杂志封面设计／版面中人物脚踏的方向正好是主要文字信息，既使文字信息得到加强，又对人物的动势形成支撑，取得画面的平衡

　　图形的异质元素引导阅读：在视觉语言中，异质元素含义广泛，可以指色彩的差异、形态的差异，这种形色的差异要形成异质，需要在普遍的相同或相似中出现个别的差异，可以指违背自然常规的视觉形象，也可以指人们不熟悉的视觉经验等。本书所指的异质元素是一种能够给观者带来新鲜、奇特的视觉感受的视觉语言。异质元素在版面中通常能够形成强烈的视觉吸引，因此对观者的视觉引导效果明显（图4-131~图4-134）。

图4-131（左） 报纸版面设计／版面中模拟的灯光产生了明显的方向性，灯光照耀下的文字自然就成为观者视觉的焦点

图4-132（右） 海报设计／真实肌肤感的手所产生的断面完全不同于我们的视觉经验，使观者视线被吸引，且久久不能离开，恰好成为文字的视觉导引

小贴士

半包围式中心构图和全包围式中心构图一样，也具有引导视觉向心运动的作用。包围或半包围的图形颜色与底色对比越强，形成的视觉向心力越大，视觉引导的效果就越明显，我们在设计时可以灵活运用。

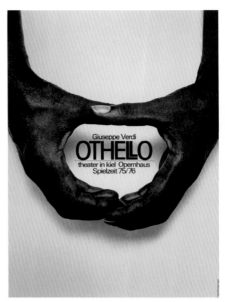

图4-133（左） 产品广告设计/水果切开组合挤压出一个产品包装形状的轮廓，形成一个包围式中心构图，引导向心的视觉运动，将观者的视线聚集到图形中间的文字区域

图4-134（右） 戏剧海报设计/手势组合形成包围式中心构图，文字信息放置在观者视觉运动的中心

小贴士

设计时利用图片中主要图形的方向性形成视觉导引的形式很多，应用效果也很好。但有时候，图片中的图形并没有明显的方向性，这时我们还可以通过将主要文字靠近图片中最引人注目的图形元素，进行视觉导引。

4.6.2 附加元素引导阅读导向

除了利用版面中主要图形特征具有的动势进行视觉引导之外，我们还可以通过附加一些具有方向性、引导性、强调性的视觉元素对阅读流程进行规划设计。附加元素进行视觉引导的方法非常灵活，不受图片特征的限制，对视觉的引导效果也很明显，可以在设计中灵活运用（图4-135~图4-138）。

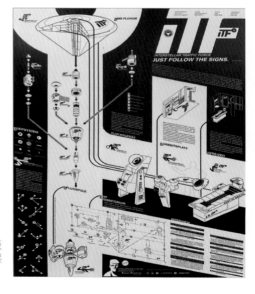

图4-135 海报设计/为星际交通组织设计的海报，版面中将复杂的信息用类似流程图一样的引导线串联起来，使阅读变得清晰

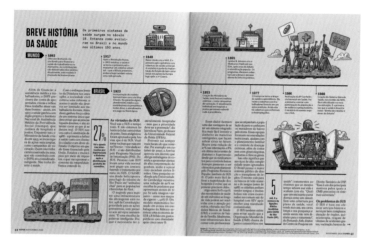

图 4-136　杂志内页设计 / 版面中的文字内容用时间线的方式梳理编排，使阅读清晰

图 4-137（左）　杂志内页设计 / 图片分散放置，便于图文对照阅读，再通过引线进行强调，使阅读流程更加清晰
图 4-138（右）　杂志内页设计 / 添加引线将图片和文字一一对应，使复杂的图文内容变得清晰易读，增加版面设计的友好性

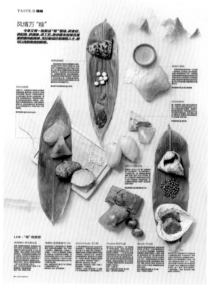

Chapter

第5章

实用专题设计

在视觉传达设计领域，无论什么项目的版式设计必然会涉及我们前面章节所介绍的视觉元素和设计法则。不同的设计项目在版式的设计布局上有各自的侧重点，本书在接下来的内容中把常见的几种设计项目的版式设计特点归纳总结和大家分享。每一个优秀设计项目的完成并非只有版式设计一个决定性因素，它所涉及的设计原则还有很多，本书重点探讨各设计项目在版式设计布局上的特点。但法无定法、式无定式，本书总结的各项目版式设计特点只能作为设计过程中的参考，整体、空间、图文关系、风格、品位、视觉舒适等基本影响版面视觉效果的设计原理大家应该着重掌握和运用。

5.1 海报版式设计

海报是一种艺术化的信息传达方式，它属于平面广告设计的一种。海报原指在公共场合张贴的宣传作品、广告作品，海报的设计讲究艺术性、时效性、传达性。随着技术的变革和社会发展，新兴媒介层出不穷，海报作品也不再仅限于公共场合的张贴，在杂志、互联网等媒介上都有海报作品的身影。海报设计的形式和类别很多，我们根据海报的内容和宣传目的大致可分为文化海报、政治海报、商业海报和公益海报等几个类别。

5.1.1 海报版式设计的共性特征

①高图版率，多以图形的强视觉度形成视觉吸引，图形居于更重要的地位（图5-1~图5-3）。图片数量较少，主图的视觉度、视觉导读是设计的关键因素。

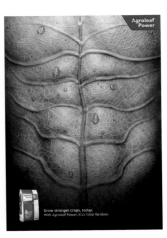

图5-1（左）商业海报（字节跳动10周年）/ 以立体化的数字10为基础创作插图，贴合字节跳动10周年主题，插画的美感和视觉度成为版面焦点，吸引受众注意力
图5-2（中）商业海报（以色列叶面肥）/ 植物叶片和强壮的腹肌结合创造出令人感到新奇的图形，突出了产品的功能性利益，使人印象深刻，版面文字不多，主要靠图形形成视觉吸引，产品图片和品牌对角编排，形成呼应，颜色和图片形成鲜明对比，突出了产品及品牌
图5-3（右）文化海报（影视海报）/ 以影片主角为主图，紧扣主题。片名和相关信息文字形成文字组合，使版面有节奏

②广告主题决定版式风格，系列广告版式编排布局一致，品牌名称或标识（logo）较为突出（图5-4、图5-5）。

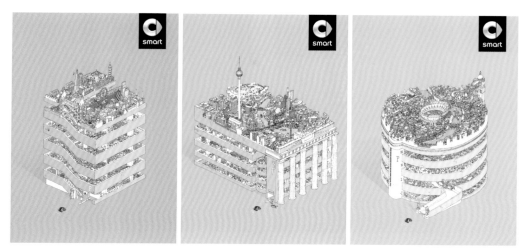

图5-4　商业海报（smart汽车）/ 海报采用高明度调，显得轻巧，贴合smart汽车小巧灵活的品牌特点。品牌标识均置于版面右上角，保持了版面布局的统一，深重的颜色和版面背景色形成对比，突出品牌

图5-5　商业海报（鲜花品牌）/ 精美的插图具有强烈的视觉冲击力，吸引受众的注意力，系列海报保持中轴对齐的统一版式，自上而下逐渐收缩的图形具有方向性，引导受众视线下移，使其关注到品牌

③标题文字、分组、组合、跳跃与层级、空间仍然是版式设计的加分项（图5-6~图5-10）。

图5-6（左上） 商业海报（餐饮菜品）/ 醒目的标题字组合和产品特写相得益彰，成为版面中的焦点，和图片背景形成空间层次

图5-7（右上） 文化海报（诚品书店海报）/ 设计师：Yi Fan Chang / 利用几何图形轻微的视错觉使版面形成立体空间感，将标题字和信息文字设计为两个具有视觉层级的文字组合，使版面空间显得整体、严谨

图5-8（右下） 文化海报（影视海报）/ 经过设计的字形效果使版面有视觉细节，和信息文字形成层级，表现出由近及远的空间层次

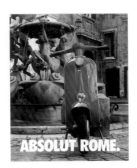

图5-9（左） 商业海报（绝对伏特加酒）/ 绝对伏特加酒海报的城市系列之一，承袭品牌以包装瓶型为创意切入点的一贯作风，简洁的主题文字突出，版式和同系列其他作品统一

图5-10（右） 公益海报（环境保护）/ 简洁的文字信息放置于北极熊前脚掌下，靠近行走的方向一侧，形成视觉导读，不分割版面使版式更加整体

5.1.2　不同广告类型的版面编排特点

①单图海报版式：当文字相对较少时，多采用文图叠加型，一般不用边界分割画面，但布局上仍然会区隔文字和图片区域（图5-11）。

图5-11　商业海报（猎豹汽车）/ 汽车腾起的方向是海报主标题，体现了越野车狂野但舒适的产品诉求，不加分割的版面更整体大气

②多图海报版式：图片跳跃率高，主图与次图的面积对比大，主图营造氛围、品质感和情感沟通，次图传达信息及细节（图5-12、图5-13）。

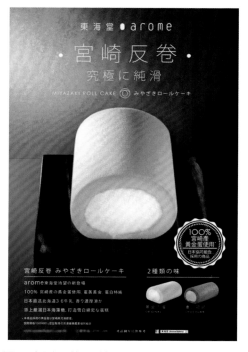

图5-12（左）　商业海报（食品广告）/ 高图片跳跃率版面，利用产品特写刺激消费者的味觉感，诱导消费行为，下方放置食材介绍图片让消费者了解更全面的产品信息以增加消费者好感，提升产品形象
图5-13（右）　商业海报（甜品广告）/ 同样是高图片率版面，主图与副图对比强烈，主图营造出的氛围使观者联想到绵软美味的口感，副图介绍产品的不同口味

③文化、公益海报版式：无论文字多少，设计时多用图文叠加，一般不分割画面。当文字较少时文字的编排较自由，注意和图片呼应，以及版面的整体性和秩序即可；当文字较多时会分栏编排，使文字有序（图5-14、图5-15）。

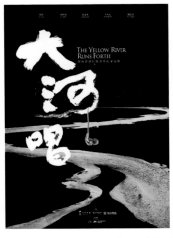

图5-14（左） 文化海报（纪录片海报）/ 文字较少，标题字样式大气磅礴，信息文字中轴对齐，使版面具有极强的视觉冲击力和秩序感

图5-15（右） 文化海报（展览海报）/ 文字信息较多，采用三栏渐变栏宽的分栏编排和基线对齐，使文字信息阅读清晰，并和图形形成空间悬浮的层次感

④商业海报版式：当文字较少时文字编排较自由，当文字较多时多采用分割版面的形式将较多的信息文字和图片分开，仅主标题、副标题和图片叠加编排（图5-16~图5-18）。

图5-16（左） 商业海报（木地板广告）/ 文字信息不多，采用图文叠加编排，图片色彩统一简洁，使文字清晰突出，版面效果宁静和谐

图5-17（右） 商业海报（数码产品广告）/ 版面内容有大量的文字信息，采用单弧线分割版面，将文字信息集中分栏编排，便于观者阅读

图5-18　商业海报（奶制品广告）/
直线分割版面，文字信息置于下方，
文字区域背景色和图片背景色采用
相似色搭配，使分割后的版面仍然
保持整体的视觉效果，不压缩版面
空间，版面更加完整

5.1.3　海报版面布局和版面分割

　　从前面的图例我们可以看出，当海报文字较少时，文字的编排多采用对角编排或
中轴对齐的方式，图形一般占据版面中心位置。但当文字较多时，文字编排的复杂度
和难度就会增加，为了信息传达的有效性，通常会将设计元素进行合理布局，使元素
之间产生关联性或者差别性，便于观者清晰流畅地阅读。海报设计一般以单图版面
为主，即使是多图版面也会主次十分分明，因此，在布局上主要是指图和文字元素的
关系。海报设计的布局类型有左右型、上下型、左中右型、上中下型、中心式、边角
式、附加式等；分割的形式有单弧线、折线、双弧线、异形等（可参见本书4.4图形
的裁剪和形状）。

　　①左右型：左右型的版面布局简洁清晰，图文左右放置均可（图5-19、图5-20）。
但要注意尽量不要均分版面，过于均等的版面布局会缺乏变化和节奏。

图5-19（左）　文化海报（演出海报）/
左右布局的版面，传统文化的内容，
采用文字竖排，将文字水平分为两
栏，标题字一栏，正文文字一栏。正
文文字顶对齐控制秩序，并通过大
小、色彩的层级变化使版面具有更多
视觉细节

图5-20（右）　文化海报（展览海报）/
左右布局版面，文字采用中轴对齐编
排，文字右侧外轮廓与图形轮廓弧
度相似，增加了图文之间视觉上的联
系，版面更加整体

②上下型：上下型的版面使用较为广泛，有整体、简洁、清晰有序的优点（图5-21、图5-22）。同样要注意尽量不要均分版面，同时需要注意版面重心的平衡。

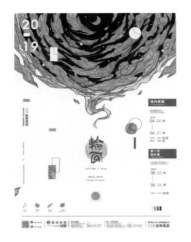

图5-21（左）　文化海报（展览海报）/ 图文关系上下布局，下方的文字靠近边线编排，版面中心留白，使版面变得开阔。图形的延伸线将观者视线导向文字区域中心的标题文字，突破了图文上下边界，使版面上下两个区域产生联系，更加整体

图5-22（右）　文化海报（演出海报）/ 利用图中的偶然边界作为图文区域的分割线，使文字的易读性不受图形丰富色彩的影响，但又不会因版面的分割而感到版面被压缩

③左中右型：左中右型的版面更加活跃，一般不会均分三个部分，两侧面积会小于中间，类似于分栏的三栏渐变栏宽，这样会使版面更有节奏。左中右型版面两侧的面积也可以不均等，三个栏宽的面积都有变化，版面就更灵活（图5-23、图5-24）。

图5-23（左）　商业海报（诚品书店）/ 将版面分为三栏，渐变栏宽，图形所在的中间栏最宽，右边栏最窄，使版面布局变化更丰富

图5-24（右）　商业海报（诚品书店）/ 文字靠左边线或右边线编排，版面中间的图形形成视觉吸引，两侧的文字整体有序

④上中下型：上中下型的版面布局一般不适合文字太多的版面，垂直三分的版面如果文字太多，图形的面积会被压缩，使版面显得不够大气（图5-25、图5-26）。如果文字很多，要考虑叠加混排，以保持图形在版面中的面积比例足够，使版面具有较好的视觉吸引力。

图5-25（左）　文化海报（展览海报）/ 版面中图形面积占绝对比例，虽然图片视觉效果干净柔和，但仍然具有很强的视觉吸引力
图5-26（右）　文化海报（书展海报）/ 图形元素色彩的高饱和度形成较强的视觉冲击力，顶部的粉绿色偏冷色，前景用浅黄褐色，通过色彩冷暖加强版面空间层次

⑤中心式：中心式的版面布局是将图形设计在版面的四边，形成全包围或半包围结构，使放置于版面中心的文字信息更加突出（图5-27、图5-28）。中心式布局的优点是版面整体，视觉集中。

图5-27（左）　文化海报（讲座海报）/ 图形放置在版面边缘，利用屋顶交叠自然形成的轮廓圈出版面中心文字区域，使文字信息十分突出，吸引观者阅读
图5-28（右）　文化海报（演出海报）/ 图形利用光线形成剪影效果，放置在版面四周，对比出版面中心的亮色，形成视觉焦点，版面的新奇给人带来强烈的视觉冲击力

⑥边角式：边角式布局的版面将文字沿版面四边编排，留出大面积的图形区域，版面整体感强，视觉效果开阔（图5-29、图5-30）。

图5-29（左）　文化海报（讲座海报）/ 沿左侧边缘和底边编排的文字整洁、严谨，虽然图片满底，但因为是远景，使版面形成大面积留白的空灵、通透效果
图5-30（右）　文化海报（演出海报）/ 边角式的版面布局，演出节目信息在版面底部分栏编排，视觉流程清晰，使观者能有序阅读

⑦附加式：附加式版面布局是在图形上附加色块形成独立文字编排区域的设计方法，优点是可以使文字信息突出，缺点是有可能影响图形的整体性（图5-31、图5-32）。

图5-31（左）　文化海报（演出海报）/ 将版面设计成一页笔记本纸张附加在图形画面上，文字信息得以强调和突出。笔记本纸张具有半透明效果，使观者能够隐约看到完整的背景画面，尽量保持了图形画面的完整
图5-32（右）　商业海报（促销广告）/ 海报主要文字信息被设计在附加的区域，设计师将部分图形元素突破边界，遮挡在附加区域之上，形成前后关系增加空间层次，也增加了版面的趣味性

5.2　包装版式设计

现代商业社会离不开产品包装，包装除了对产品有保护功能之外，信息传达的有效性、艺术性跃升到更重要的位置。面对琳琅满目的商品，消费者在选择时会更加注意那些被有艺术感染力的包装所包裹的产品。包装是立体化呈现的视觉载体，设计考虑的因素更为复杂，鉴于本书的篇幅和写作重点，我们主要探讨包装主视觉面的版面设计布局形式。

5.2.1　包装版式设计的共性特征

①品牌或产品名称是需要重点突出的元素，品牌名称等主标题更注重设计感，通常都会设计成独特的样式。一方面是为了彰显品牌风格，增强识别性；另一方面是为了增加视觉冲击力，引起消费者注意。

②包装在主展示面通常不会编排大量信息文字，但为了信息传达的有效性，主要产品信息会出现在主展示面（图5-33~图5-38）。例如：产品（品牌）名称、品牌标识、净含量等。

图5-33（左）　食品包装（休闲零食）/产品名称使用粗黑的字体样式，几乎占据半个版面，具有强烈的视觉冲击力

图5-34（右）　食品包装（休闲零食）/产品名称字形经过立体化处理，和背景黑色形成强对比，在版面中十分突出

图5-35（左） 食品包装（奶制品）/品牌名称巨大醒目，配合满底的草莓图片，产品的类别和品牌一目了然
图5-36（右） 食品包装（休闲零食）/通过添加立体化处理的云朵状图形，和产品、品牌名组合成整体样式，使其独立在包装图形元素之上，是包装设计中突出产品、品牌名称的常用手法

图5-37（左） 食品包装（奶制品）/同样是将产品、品牌名称包裹在椭圆形之中，形成独立样式，和背景色产生鲜明对比以突出重点
图5-38（右） 食品包装（饮料）/将标识和产品名称设计成标签样式，黑色的边框区隔出产品、品牌和图形，起到强调重点的作用

③系列包装设计一般要保持统一的版式布局和风格，通常利用色彩变化来区分产品（图5-39~图5-42）。

图5-39（左） 食品包装（休闲零食）、图5-40（右）食品包装（奶制品）

图5-41（左）食品包装（面条包装）、图5-42（右）食品包装（酒精饮料）
以上为同一品牌的系列产品，为保持品牌识别的统一性，在包装版式布局上通常也会保持统一，然后通过色彩的变化区分同系列的不同产品。在色彩的应用上多通过色彩的冷暖、味觉感和情感象征来区别产品类别和特性

5.2.2　包装版式布局和版面分割

　　包装的版心面积有限，为了突出品牌可以通过对版面进行分割来使版式更有序，也可以增加版面的节奏感。包装的布局形式有中心式、中轴式、散点式、分割式、边角式和附加式。

　　①中心式：中心式的版式布局是指将图形放置在版面四周，形成包围式或半包围式的结构，将主要的文字信息放置在包围圈中的留白处。利用图形包围效果形成的向心力引导消费者视线，达到突出产品、品牌名称等主要产品信息的目的（图5-43~图5-45）。

图5-43　食品包装（佐餐食品）/ 创意很精巧的一款设计，采用中心式布局，使品牌和产品名称突出。包装外轮廓使用了牛头的造型，版面中的图形表现出丰富的果粒品种，很好地展示了产品特色，能够激发消费者的购买欲

图5-44（左） 食品包装（拼配茶饮料包装）/ T9品牌的茗茶产品主要生产不同口味的花果拼配茶，在包装版式布局上通过秀气的缠枝花卉纹样形成中心式布局突出品牌，设计风格典雅，体现了产品属性

图5-45（右） 食品包装（巧克力包装）/ 满底的图形设置形成丰富、强烈的装饰效果；中心留白放置产品品牌，既突出品牌又和图形相映成趣

②中轴式：中轴式版面布局在包装设计中应用很普遍。中轴式布局符合形式法则中的对称结构，显得均衡而有序；同时，中轴式布局使版面中的视觉元素集中在轴线周围，视觉比较集中且符合我们的阅读习惯，视觉流程清晰使信息传达高效便捷；中轴式布局比较容易控制版面的秩序感，使版面简洁有序（图5-46~图5-51）。

图5-46（左上）食品包装（茶叶包装）、图5-47（右上）食品包装（饮料包装）、图5-48食品包装（左下）（酒精饮料）、图5-49（右下）食品包装（酒精饮料）

图 5-50（左）　食品包装（调味品包装）、图 5-51（右）日化用品包装（沐浴露）
以上产品包装设计采用中轴式版面布局，使主要的视觉元素都能够在包装的主视觉面完整展示，不需要消费者转动包装就能一目了然。从上往下的阅读导向，使视觉信息一一展现，阅读流畅，信息传达准确高效

　　③散点式：散点式的版面布局是利用相似元素在版面中形成重复的视觉节奏，产品品牌等视觉信息以重复的特质元素出现，产生视觉吸引。使产品品牌名称等主要信息成为特质元素的手法很多，例如：大小对比、形状变化、色彩对比等。一般来说，包装的散点式布局不追求版面的饱满和强视觉冲击力，而是强调一种舒缓、平和、温柔的节奏（图 5-52、图 5-53）。

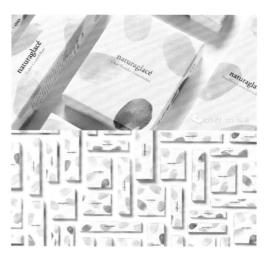

图 5-52（左）　食品包装（肉类制品）/ 品牌名称在大小上和散点分布的视觉元素形成对比，达到突出品牌的目的
图 5-53（右）　日化用品包装（孕妇用彩妆）/ 柔和的色彩，温柔洁净的版面风格体现产品自然、安全的特质，主要文字信息放置于留白处，虽不强烈，但依然很清晰

④分割式：分割式的版面布局在包装设计中应用很广泛。因为，分割式版面布局可以清晰地区隔图文信息，在突出产品、品牌名称上有较好的效果，使消费者便于识别。大多数情况下，分割式版面布局有一条清晰的版面分割线，分割线可以是直线、曲线、折线、偶然形成的线、图形轮廓线等。其中，利用图形本身的轮廓线进行分割是一种很好的分割方式，能够使版面生动自然（图5-54~图5-64）。

图5-54 食品包装（休闲零食）

图5-55 食品包装（代餐食品）

图5-56 食品包装（休闲零食）

图5-57 食品包装（糕点包装）

图5-58 食品包装（饼干节日限定包装）
图5-54~图5-58 均采用将图形本身的轮廓线作为版面分割线的方式，由于图形边缘和背景底色之间的交织，使消费者的视线由图形区域自然过渡到文字区域，版面就显得生动自然

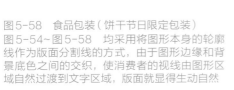

图 5-59　日用品包装（保鲜膜）/ 采用直线分割版面，信息文字在白色背景中显得简洁、清晰。版面图形的高明度背景色和文字信息的白色背景色差别不大，使直线分割线并不突兀

图 5-60　食品包装（快餐食品）/ 直线分割的两个版面色彩对比具有较强的视觉冲击力，将产品卖点文字放大 "1.5 倍" 突破版面分割线的处理，使被分割的两个区域产生联系，从而使版面过渡自然

小贴士

用几何线条作为版面分割线的设计作品，通过突破分割线，使被分割的两个区域产生视觉联系，能够很好地调节版面节奏，避免由分割线带来的隔离感，使版面更加整体。

图 5-61　食品包装（奶制品）/ 将版面分割线立体化处理，模拟牛奶质感，利用牛奶流动的特性设计奶滴联系被分割后的区域，使版面既有联系又有趣味性

图5-62（左） 食品包装（奶制品包装）/ 采用波浪线分割版面，使分割边界变得柔和，也起到调节版面视觉联系的作用

图5-63（右） 日化用品包装（化妆品）/ 自然随机的边界效果，像颜色随意涂抹形成的边缘线。不仅使版面中的两个区域产生联系，还增强了视觉上的美感

图5-64 食品包装（面粉包装）/ 不通过实在的分割线分割版面，将视觉元素编排形成的轴线作为版面分割的边界，类似于分栏之后的隐藏栏线，既起到了分割版面使视觉信息清晰的作用，又能保持版面的完整性

⑤边角式：边角式的版式构成和中心式有时没有明显的区别，都是在视觉心理中最容易引起注意的位置放置重要信息，以达到清晰传达信息的目的（图5-65~图5-69）。但是边角式版面布局可以将图形转折分置于包装相邻面增加其联系：单个包装展示可以使消费者的视觉延伸；当两个或两个以上的包装并置展示，不同包装面的局部图形就能够拼合出完整图形，可以增加包装设计的立体层次。

图5-65（左）　食品包装（咖啡包装）/ 林韶斌品牌设计 / 飘逸随性的鎏金书法字放置在版面边缘且延伸至相邻面，使包装主展示面和底面、侧面产生联系，视觉效果既有意犹未尽的残缺美，又有柳暗花明又一村的惊喜

图5-66（右）　食品包装（花果饮品）/ 包装图案呈对角放置，中间留白放置产品品牌文字，既有中心式布局的视觉聚焦效果，又使版面空间向侧面延伸

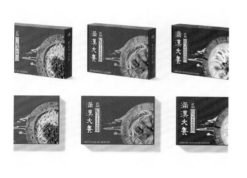

图5-67（左）　食品包装（方便食品）/ 对角放置视觉元素的边角式布局，产品图片的圆弧轮廓和版面方形的轮廓形成曲直对比，契合了中国传统文化中天圆地方的审美特征

图5-68（右）　食品包装（植物性食品）/ 四角分布放置图形元素使版面边界向外延伸，图形朝向的向心力将消费者视线引导到产品品牌等信息文字上

> **小贴士**
>
> 包装设计中将图形分置于相邻面的设计方法并不仅限于边角式版面布局，其他版面布局形式均可以应用，只是要注意在转移部分图形到相邻面之后，仍然要保持主展示面的完整性。

图5-69　食品包装（奶制品）/中轴式版面布局，插图展示了奶工和牛之间的互动关系，主展示面奶工和牛的互动是一个完整的情节，因此保持了画面的完整。加上右侧面之后，互动情节增加，使包装设计的视觉层次更加丰富

　　⑥附加式：附加式的版面布局是通过在背景图之上添加图形，在视觉空间上形成层次突出品牌。附加式版面布局比较容易控制，无论包装图形是简洁或丰富、色彩是淡雅或浓重均可以添加与其能形成视觉对比的图形，将文字信息区隔出来，以使包装信息的传达更加清晰（图5-70~图5-78）。

图5-70（左上）食品包装（休闲食品）、图5-71（右上）食品包装（巧克力）、图5-72（左下）日化用品包装（个人护理）、图5-73（右下）食品包装（巧克力）/附加式版面布局，文字清晰易读，信息传达便捷

> 小贴士
> 附加式包装布局在设计过程中，添加图形的形状若经过巧妙构思，还可以增加设计的层次感和趣味性。

图 5-74　食品包装（巧克力包装）/ 包装附加的形状是该品牌独有的图形，大大增加了包装的辨识度

小贴士
近年来，随着环保观念的普及，设计界兴起了极简主义的设计风格。包装也不例外，包装版式设计上的极简主义更加注重将简洁的符号、文字作为包装信息传达的主要视觉元素。因此，文字编排的设计方法越来越受到重视。

图 5-75（左上）食品包装（饮用水）、图 5-76（右上）食品包装（饮用水）、图 5-77（左下）日化用品包装（护肤品）、图 5-78（右下）日化用品包装（洗护用品）/ 极简主义风格的包装设计，简洁、明快。以文字为主要设计元素来达到信息准确传达的设计目标，极简的风格彰显产品及设计的理念

5.3　杂志版式设计

5.3.1　杂志封面版式设计特征

　　杂志封面既具有广告性质，通过封面设计的美感和视觉冲击力吸引受众注意力；又具有导读功能，通过封面的导读信息，引发读者兴趣，促成购买行为。因此，杂志的封面设计对一本杂志来说非常重要，它体现着杂志内容涉及的领域和风格。一般来说杂志封面的版式设计有以下几个特征。

　　①刊名一般被设计为一个独特的样式。杂志的刊名相当于杂志的身份识别标识，设计为独特的样式易被读者识别，也便于每一期杂志保持统一的风格（图5-79、图5-80）。

图5-79（左）　杂志封面设计／刊名和联赛标志组合成文字样式，用笔画较粗的无衬线体增加文字的面化效果，使刊名具有极强的视觉冲击力

图5-80（右）　杂志封面设计／用镂空透底的设计手法设计刊名文字，每期保持一致。这种设计效果既使刊名视觉效果突出，又使刊名和图形能够很好地融合

　　②版式的布局统一。一般来说，杂志每一期的封面布局都是一致的，至少在一个年度之内不会随意改变（图5-81~图5-83）。

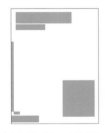

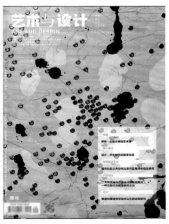

图5-81　杂志封面设计／并列两期我们可以更直观地看到封面版面布局的统一性，如刊名字体样式、大小、导读文字编排等。通过图形的变化使每一期杂志既统一又有变化，既保持了杂志的辨识度，又给读者带来丰富的视觉体验

图5-82（左） 杂志封面设计 / 信息文字都集中在版面顶部区域，和图形分割开。信息传达清晰，通过对文字编排的层级关系、组合、轴线等视觉原理的把控，使版面具有丰富的视觉细节，图形也具有极强的设计感，彰显了杂志设计的品位

图5-83（右） 同样是上下分割的版面布局，刊名独立占据上部区域，基本信息文字的组合每期都统一而规范，识别性强。导读文字和图片叠加编排，充分利用图片中的空间区域放置文字，使图形和文字融合度高却不影响图形的视觉效果

小贴士
杂志封面的布局一般有两种，图文叠加式和分割式。相对来说，分割式的杂志封面布局对刊名所在的区域文字的层级设计要求更高，需要通过精心设计使刊名区域具有更多的视觉细节。

③杂志封面设计不论是分割式还是图文叠加式，大多具有高图版率，通过图形的视觉冲击力形成强烈的视觉吸引（图5-84、图5-85）。

④当杂志封面导读文字较少时，一般不需要分栏编排，导读文字放置的位置比较自由，能够和刊名形成呼应，和图形相辅相成即可；当杂志封面导读文字较多时，一般需要分栏编排，导读文字的对齐方式大多沿左右两侧栏线对齐，靠近版面中间可不用对齐，使文字编排有节奏，两端对齐会缺乏变化，比较死板（图5-86~图5-89）。

图5-84（左） 杂志封面设计 / 版面中文字较少，通过组合释放更整体的虚空间，使版面整体有序。组合文字区分层级，丰富了视觉细节

图5-85（右） 杂志封面设计 / 版面中文字很少，将主题信息放置在人物眼睛上，反常规编排，成为最引人注目的视觉元素，令主题突出

图5-86（左上）、图5-87（右上）、图5-88（左下）、图5-89（右下） 杂志封面设计／导读文字较多，将版面分为三栏渐变网格，图片占据三个栏宽，但主体物主要处于中间一栏，左右两栏编排文字，不等宽的栏宽增加了版面节奏，使文字编排有强弱变化；左右两侧文字对齐，保持版面的秩序感；靠近中间栏的文字自由伸展，和图形融合；文字丰富的层级编排增加了视觉细节

5.3.2　杂志内页版式设计特征

　　杂志之所以成为杂志，就在于一个杂字，表示在其关注的领域涉猎广泛，内容丰富。因此，杂志内页的设计规范一般要求相对严格，才能保持整本期刊视觉风格的统一，阅读的流畅和舒适。结合图5-90~图5-93了解一般杂志内页的以下几个设计特征。

①杂志的内页除目录页相对独立外，其他内页通常都保持统一的页眉页脚样式。

②杂志内页的版面布局一般除过渡页之外，正文文字较多的版面均会采用分栏网格编排，以保持版面秩序和阅读的舒适。

③杂志内容的各级标题、正文、图释等文字的字体、字号、字距、行距、颜色等都有统一的设置样式。

④杂志内页文字设置的变化不宜过多，一般 3~4 种样式比较合适，过多的文字变化会使版面比较乱，影响观者阅读。

图 5-90（左上）、图 5-91（右上）、图 5-92（左下）、图 5-93（右下）　一篇文章的杂志内页设计 / 图 5-90 的过渡页设计相对自由，标题文字的样式巨大醒目，形成强烈的视觉吸引，激发阅读兴趣；其他几个页面三栏渐变栏宽编排，包括图片的放置，要么占据一栏，要么占据两栏或三栏，使版式布局秩序感强且十分统一，阅读体验清晰舒适

5.4　企业画册版式设计

企业画册是一个广义的描述，它包括了单页、折页、小册子、多页画册等诸多样式。内容上有企业形象宣传册、企业产品推广手册、企业年报、企业广告单页、广告折页等，业内常说的 DM 单（Direct Mail Advertising，直接邮递广告）也可以泛指这些内容和形式。

　　企业画册因其涉及的样式太多，设计形式也多种多样，本书将多页画册和其他样式的DM单的版式设计特点分别进行一个简单的归纳，以供大家参考。不过"尽信书，不如无书"，大家在参考这些设计特征时，可以结合自己的设计实践灵活运用。

5.4.1　多页画册的设计特征

　　结合图5-94~图5-107，了解多页画册的设计有以下几个特征。

　　①设计风格和企业的识别系统保持一致。通常，企业标识会出现在画册封面，色彩的搭配也较多运用企业标准色或辅助色。

　　②画册封面的设计风格和企业自身形象密切相关，或简约，或大气，或传统，或前卫。总之，风格繁多，不一而足。因此，设计项目的调研、风格定位等前期工作要充分准备。

　　③企业画册内页设计的自由度大于杂志内页设计。页眉页脚的样式保持统一，但每页的版面布局可以有更多变化。在每页中重复出现的视觉元素有助于保持每页的视觉效果统一和连续。

　　④相对于杂志内页设计，企业画册内页版面的版面率一般会控制在50%~70%，较多的留白使版面空间更加大气。

　　⑤文字层级变化一般建议3~4个，也不宜过多，以保持版面的秩序和易读性。

图5-94（左）、图5-95（右）企业形象宣传画册封面，设计简洁大气，企业标识的面积虽不大，却是视觉的焦点

图5-96（左）　企业形象宣传画册扉页、图5-97（右）画册目录页

图 5-98（左上）、图 5-99（右上）、图 5-100（左下）、图 5-101（右下）　画册内页 / 企业标准色被应用在每一个页面，形成强烈的视觉识别。每一个版面中的文字内容都编排得不是很满，即使满底的出血版图片，也通过挂网处理使其形成背景，大面积的留白使版面开阔、大气

图 5-102（上）、图 5-103（下）　企业产品宣传画册 / 高图版率，以展示产品丰富的细节；图片高跳跃率，使主次分明，版面有节奏变化；文字不是太多，规范在具有动感的平行四边形框架中，秩序井然

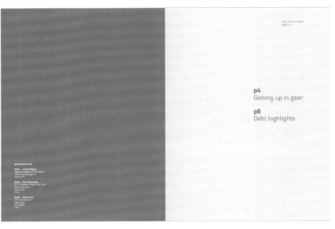

图5-104（左上）、图5-105（右上）、图5-106（左下）、图5-107（右下） 企业年报画册 / 相对于企业产品画册和形象画册来说，年报画册的文字内容一般要多一些，版面风格也相对严谨一些。即便如此，该企业年报画册的版面率也尽量控制在50%~70%，使版面显得干净、柔和，较多的留白使版面舒缓透气，即使文字较多也有很舒适的阅读体验

5.4.2　DM单版式设计特征

结合图5-108、图5-109，了解DM单版式设计的特征。

①DM单设计形式灵活。折叠方式、纸张开度都可以根据内容多少确定，设计样式受到的限制较少。

②DM单的功能主要是企业信息传达，因此，识别性也需要重点考虑。通常企业或品牌标识、标准色彩是提高识别性的有效方式。

③精巧的折叠方式是提升DM单版式设计趣味性和吸引力的有效手段。

④文字内容可以设置更多的层级变化，通过文字的层级变化来梳理文字信息的相互关系，也可以使版面效果具有更丰富的视觉细节。

图5-108　DM单小册子 /
采用多层折页设计，装订方
便但仍然可以有较大的内容
容量。折叠拉伸的动作使受
众参与的体验感更强，版面
风格活泼、有趣

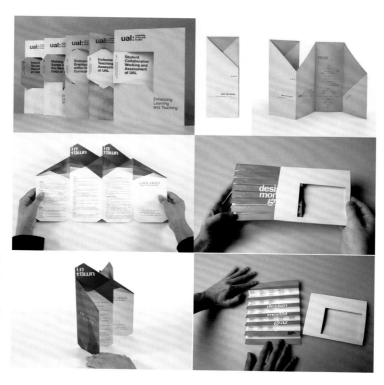

图5-109　各种折叠方式
的DM单 / 版面外形也可以
不受矩形限制，通过切割方
式的变化和折叠，使二维平
面的纸面转变成具有立体感
的传播载体，受众参与度增
加，交互性更强，让受众在
有趣的互动中产生对品牌的
好感

5.5 UI版式设计

我们身处互联网时代,大家一定对UI设计耳熟能详。UI设计是用户界面(User Interface)设计的简称,用户界面就是信息时代人机交互的操作界面。UI设计一般涉及三个内容:图形界面设计、交互设计和用户体验研究。UI版式设计实际上是指图形界面设计的图文布局。用户界面的范围很广,凡是涉及人与机器交互的物品均需要用户界面。从我们熟悉的产品来说,人与电脑,人与手机、平板电脑等移动终端,人与各种播放器等数码产品,都需要人和机器的交互,也就需要用户界面这一信息交换的媒介;另外,在医疗器械、智能驾驶、数控机床等各行业设备上,也越来越多地使用人机交互界面。简单地说:用户界面是人和机器对话交流的窗口,人通过用户界面获取信息,发出指令,通过系统接收指令作出反馈并再通过用户界面传递给使用者,通过这一过程完成人机对话,实现人对硬件的使用操作(图5-110)。

UI设计是极有针对性的设计项目,一是根据不同硬件设备的物理尺寸和显示分辨率有不同的版面尺寸,二是根据不同硬件设备的功能会有不同的人机交互方式。随着软硬件的发展和用户需求反馈数据的增加,用户界面的设计也在不断更新。本书主要为大家介绍目前常见的网页设计的用户界面布局方式和手机App应用软件的用户界面布局方式。

图5-110 Apple(中国)官网 / 通过滚动下滑加载页面,精美的产品图片既能吸引受众又具备导航功能,每一个展示页面都和浏览器长宽尺寸匹配,使受众能够顺畅地阅读到完整页面,通过点击每一个展示页面,都可以进入相应的详情页

5.5.1　网页版面布局

　　传统网页界面设计会受到屏幕尺寸和分辨率的约束，在主页之后必须通过导航按钮才能进入下一个层级的页面。现在，随着技术的发展，虽然用户界面的宽度仍然受屏幕物理尺寸的限制，但通过屏幕滚动下滑加载页面的方式，网页界面能够容纳的内容已经突破我们阅读的极限。因此，现在大多数网页界面都采用滚动下滑加载页面的轮播图方式设计，将各栏目的主要信息展示在滚动下滑加载的页面中。观者既可以通过主页导航栏进入栏目详情页，也可以在浏览到相应感兴趣的内容后再进入详情页。因此，我们主要介绍轮播图网页的版面布局形式。

（1）主页的页面布局方式

　　不同类型的网站主页页面包含的信息也略微不同。有的网站主页仅仅是一个登录页面，通过登录页面再进入网站首页，而有些网站的首页直接就是从主页开始。使用轮播图的网页布局方式的主页一般都是和首页合二为一的，通过网址链接直接进入首页开始内容的浏览（图5-111、图5-112）。

> ┌── 小贴士 ──
> 轮播图方式并不等于没有页面版面的概念了，大多数情况下，下滑加载的页面版面仍然和浏览器的长宽尺寸匹配。

图5-111（左）、图5-112（右）　动态网站主页 / 主页上除了动图展示之外仅包含页眉的标识和功能等基本信息。版面简洁，布局是将基本文字信息分布在四边的边角式，留出中间大面积区域放置动图，主要文字信息和动图叠加，具有很强的视觉冲击力（扫描右侧二维码可观看网站主页动态图）

　　主页与是一个单独登录页面的设计布局，一般比较自由，主页多用动态图展示，主要功能是吸引受众的注意力，引发阅读兴趣。

　　主页与首页合并的网页版面通常包含页眉栏、导航栏、内容栏、版权信息栏等，有些内容较多的网站，主页上还会多设置一个分类导航栏，例如购物网站。主页的版面布局有上下型和左右型两种，上下型是将页眉栏、导航栏、内容栏、版权信息栏等按照中轴线排列，由上往下依次设置，滚动加载的轮播式网页一般采用上下型较多，随着用户向下滚动的操作设计阅读流程。左右型是将导航栏放置在内容栏的左侧或者右侧的版面布局形式。

　　轮播图网页的首页一般都比较简洁，大多采用通栏横幅广告水平滚动播放几张图作为主要内容。当内容较多时会采用网格编排，以便于控制版面的秩序和通过网格合并来活跃版面视觉效果（图5-113~图5-116）。

图5-113（上）　千通色彩管理网站首页，图5-114（下）　站酷网首页／上下式版面布局，通栏横幅广告展示图片，下方是分类内容

图5-115　京东购物网站／除了页眉下方的导航栏，在版面左侧还有一个分类导购栏。内容用单元格网格编排，根据主次关系进行合并网格编排

图5-116　中国新闻网 / 上下型版面布局，由于文字内容较多，采用分栏网格编排

（2）加载页面的布局方式

轮播图网页的加载页面大多数采用单元格网格编排。一般有图片式、文字式和图文对照式几种编排形式。可根据网站内容的需求进行编排（图5-117、图5-118）。

图5-117（上）　站酷网的内容页 / 设计网站的特点是图片较多且图片是内容传达的主要媒介，因此采用图片式编排，图片大小也一致，形成重复的节奏和形式感

图5-118（下）　中国新闻网的内容页 / 根据内容的需求，图片式、文字式和图文对照式都有，版面效果内容丰富，阅读清晰

5.5.2 App版面布局

随着互联网技术的飞速发展，近十年来，移动终端正不知不觉地改变着我们的生活方式。支付、娱乐、购物、读书、新闻、交友等一系列活动都可以通过移动终端实现。而实现这些操作依赖的软件就是App（Application）。App种类繁多，大致可以分类为工具型：如地图导航、打车应用等；内容型：如新闻、阅读、教育学习应用等；混合型：如银行类App。它既提供解决用户实际问题的功能性工具，又加载大量附加内容以提高内容转化效益。同时，App的页面又有主页和二级、三级等次级页面。因此，App的页面布局样式和App的内容、功能密切相关，为提高软件的易用性和用户好感度，UI设计师也致力于不断创新用户界面的开发。但经过一段时间检验后沉淀下来的成熟、优秀、高效的App用户界面也会在众多App应用中得到广泛使用。本书为大家介绍几种目前比较常见的App页面布局方式。

①宫格式：宫格式页面布局有点类似于单元格网格编排，将页面划分为等大的块状区域（图5-119~图5-121）。宫格式版面布局以图片为主，文字为辅，优点在于可以充分发挥图片的吸引力，同时在版面中形成重复的节奏和形式感；缺点在于对需要编排大量文字内容的App不太友好。

图5-119（左）手机UI设计、图5-120（中）教育类App、图5-121（右）购物类App／分两格或三格的宫格式布局，版面整齐划一，重复的节奏具有很强的形式美感

②列表式：列表式页面布局是将一条完整信息在水平方向上从左至右编排，并占据整个移动终端的屏幕宽度（图5-122、图5-123）。优点是简洁、易操作、显示内容完整，阅读清晰；缺点是当文字太多时有点呆板，缺乏变化。因此，即使是列表式的页面布局，通常也会增加图片以提高版面美感和对用户的吸引力。一般教育类、资讯类的App使用列表式页面布局较适合。

图 5-122（左）教育类 App、图 5-123（右）娱乐类 App / 主要内容采用列表式布局，增加图片提升版面的好感度

　　③模块式：模块式的页面布局是将版面划分为不同板块，每一个板块可以根据内容需求进行较自由的编排（图 5-124~图 5-127）。模块式页面布局的优点是对内容的类型包容度大，编排自由灵活，设计发挥的空间大，版面效果丰富多变，很有创意；缺点是设计操作难度较大，版面秩序的控制难度大于其他页面布局方式。一般来说，模块式页面布局适合功能性较强的工具类 App。

图 5-124　天气类 App

图 5-125　运动健康类 App

图5-126（左）运动健康类App，图5-127（右）运动健康类App

App应用集合了较多的图表和分类，设计将枯燥的数字内容用可视化的图形直观表现，再通过模块式的页面布局设计版面，版面效果丰富，阅读轻松有趣。值得注意的是App的配色，统一在一个主色调中，局部色彩稍作变化，大多数情况下，为保持版面色调的统一，在色块配搭上多选择近似色或邻近色，少量色块用对比色活跃版面

④混合式：混合式页面布局是将内容分类后，根据内容需求分别设计相应的页面布局来增加页面的包容性和软件的易用性（图5-128~图5-132）。混合式页面布局也会将版面分块编排，但相对于模块式页面布局来说，混合式版面中各模块更强调统一和秩序。因此，混合式页面布局的包容性更强，适合各类型App，是目前最常用的App页面布局方式。

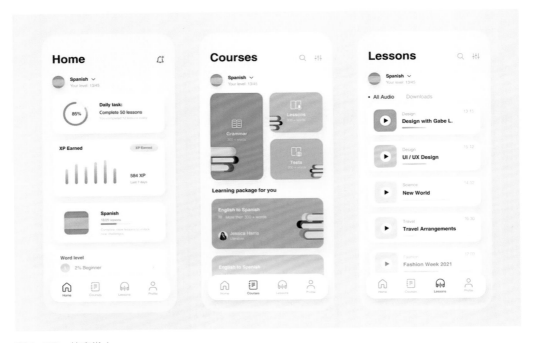

图5-128　教育类App

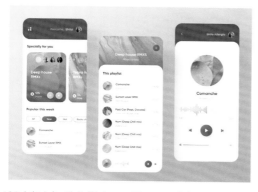

图 5-129（左上）购物类 App，图 5-130（左中）旅游类 App，图 5-131 （左下）娱乐类 App，图 5-132（右）工具类 App / 精华教育 UI 设计部

根据内容需求，混合式页面布局可以应用在 App 的不同层级页面，也可以在内容较多的主页上应用。混合式页面布局通过各种布局形式的相互调和补充，在满足软件易用性需求的基础上丰富了版面视觉效果。

> 小贴士
>
> UI 设计的设计流程和涉及的因素更加复杂，特别是移动终端的 App，在方寸之间要承载大量信息且更追求效益转化，所以信息传达的准确、高效，用户操作的便利、友好，后台系统的运行流畅等因素都会影响到 App 版面设计，设计师需要在综合因素中把握设计。App 应用中的图标设计也是非常重要的一环，对 App 的整体设计风格、品位都具有至关重要的作用。但鉴于本书主要内容和篇幅，不再详细介绍。

附录　版式设计教学导引

一、课程概述

版式设计是一门讲解视觉元素在有限版面中的构成形式的课程。它涉及形式美的法则、秩序、阅读流程、空间、层次等诸多知识点，训练同学们对视觉元素的组织能力和审美能力，就好比通过对词语、句式、篇章结构的学习和训练才使得学生能够把文字组织成优美的文章一样，是每一个从事艺术设计的设计师必备的基础技能，对后续学习专业课程有非常重要的支撑作用，一直是艺术设计各专业的重要专业基础课。

二、教学目标

知识与能力目标：了解版式设计的基本理论；掌握各种视觉元素的组织、设计和表现手法；能灵活地将视觉元素按照审美法则和人们的视觉经验运用在设计实践中，制作出有感染力、信息传达准确、风格独特的版式设计作品。

过程与方法目标：知识点细分教学视频为同学们提供一种广泛存在的、开放的学习空间；通过教学设计，将课堂由单向传授向注重交流与评估的多向互动转变，引导同学们深化学习内容，尝试个性化、探究式的研究型学习方法。

情感态度和价值观目标：让同学们体验到能力逐渐提升的成就感，培养同学们追求卓越、精益求精的品格和艺术设计活动需要的有逻辑的、理性的思维，使其树立掌握并灵活运用课程知识点，有效提升设计能力的观念。

三、教学设计与组织实施

1. 教学设计

将知识点融合在四个教学单元中，以项目作业为引导，循序渐进地增加训练难度，提升同学们的设计能力。

2. 各单元内容

第一单元：网格构成训练，着重训练对形式美法则的感知和把握。

第二单元：纯文字版式设计，着重训练学生对文字的驾驭能力，理解和掌握如何通过文字的设计编排提升版面的视觉效果，增加丰富的视觉细节。

第三单元：全要素版面设计，着重训练学生综合运用文字、图形等视觉元素创作完整平面视觉作品的能力。

第四单元：多页面版面设计，着重训练学生掌握多页文档版面之间的统一和变化之间的关系，提升学生控制多页文档版面整体风格统一，同时具有视觉变化和丰富细节的设计能力。

3. 教学实施

本教材电子资源为使用者提供了教学PPT和教学视频，同时在智慧树平台有全网开放的在线公开课，便于教师开展线下教学或者线上线下混合式教学。

建议教学周期为不少于4周，每个教学单元1周，第3单元和第4单元可延长至每单元2周。每个教学单元组织流程如下：

先让学生在课前学习教学视频，完成单元测试，然后自主完成项目作业初稿的设计，初步掌握课程内容。

在课堂上通过学生讨论、互评作业——教师点评引导——学生修改完善——教师一对一辅导——教学总结——下一项目导入的教学流程增加课堂互动，激发学生学习兴趣，提升学生学习主动性，并让学生体会到将知识点应用到设计方案中以提升设计水平和版面效果的成就感。

课后，同学们需要完成项目作业设计，再利用现代教学手段组织学生自评和同学互评，通过自评与互评促进学生学习反思。

四、成绩评定参考

本书重要知识点的讲解都有教学视频，可反复观看，以解决知识点记忆不牢的问题。在课堂上可充分利用智慧教室、慕课堂、智慧课堂等现代教学工具，实时发起话题进行小组讨论、课堂提问等增加课堂互动。注重学生学习过程评价，可将视频学习、笔记、项目作业、课堂参与度都纳入成绩评定范围。

建议评价项目和占比（供参考）:

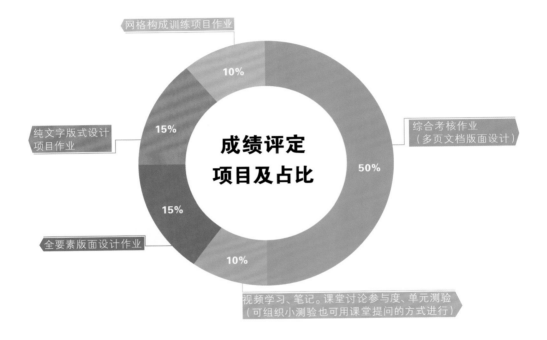

五、电子资源

1. 教学PPT
2. 项目作业
3. 智慧树、中国大学慕课
网公选课单元测试题目及
答案

参考文献

[1] 鲁道夫·阿恩海姆. 艺术与视知觉 [M]. 滕守尧, 朱疆源, 译. 成都: 四川人民出版社, 1998.

[2] 唐纳德·A. 诺曼. 设计心理学 [M]. 梅琼, 译. 北京: 中信出版社, 2010.

[3] 金伯利·伊拉姆. 网格系统与版式设计 [M]. 孟姗, 赵志勇, 译. 上海: 上海人民美术出版社, 2018.

[4] +Designing 编辑部. 版式设计: 日本平面设计师参考手册 [M]. 周燕华, 郝微, 译. 北京: 人民邮电出版社, 2011.

[5] 加文·安布罗斯, 保罗·哈里斯. 版式设计: 设计师必知的 30 个黄金法则 [M]. 詹凯, 李依妮, 译. 北京: 中国青年出版社, 2019.

[6] 潘建羽. 版式设计从入门到精通 [M]. 北京: 人民邮电出版社, 2021.

[7] 田中一光. 设计的觉醒 [M]. 朱锷, 等译. 桂林: 广西师范大学出版社, 2009.

[8] 赫尔穆特·施密德. 今日文字设计 [M]. 王子源, 杨蕾, 译. 北京: 中国青年出版社, 2007.

[9] 佐佐木刚士. 版式设计原理 [M]. 武湛, 译. 北京: 中国青年出版社, 2007.

[10] 马蒂斯. 霍尔戈·马蒂斯 [M]. 石家庄: 河北美术出版社, 2000.